安全
没有捷径

从认知觉醒
到执行铁律

No Shortcuts to Safety

From Awareness to Execution

董小刚 著

化学工业出版社

·北京·

内容简介

本书由兼具扎实前沿理论和丰富实战经验的系统管理专家编写，融合20年国内外安全管理精髓，为各行业提供从认知升级到落地转化的完整解决方案。

全书以"领导力-系统化-执行力"为主线，构建安全管理的全景图谱，将国际安全管理经验与本土实践融合提炼成可落地的安全思想，本书不是一本堆砌法规的"安全百科全书"，而是一部用鲜血换标准、以教训铸程序的生存手册。

书中聚焦"道"：从老板的"脑袋"开始，剖析安全管理的痛点不在执行末端，而在认知源头；不在片面"员工违章"，而在全局"系统思维"；凝练"法"：重塑制度为纲，流程为脉，用磨珍珠串项链方式，指导企业建立、融合和运行管理体系，构建企业安全"宪法"；深耕"术"：提供"STOP法则""SMART原则""5Why根因分析"等有效工具，将安全管理拆解为可落地的动作。

本书适合从事安全工程、安全生产和应急管理等相关人员（包括政府监管、企业高管、安全主管、技术人员、一线员工和培训讲师等）阅读，也可供高校和职业教育专业师生参考。

图书在版编目（CIP）数据

安全没有捷径：从认知觉醒到执行铁律 / 董小刚著 .

北京：化学工业出版社，2025.5.--ISBN 978-7-122
-47972-3

Ⅰ.X931

中国国家版本馆 CIP 数据核字第 202596U95W 号

责任编辑：刘丽宏　　　　　　　　　文字编辑：林　丹
责任校对：李　爽　　　　　　　　　装帧设计：刘丽华

出版发行：化学工业出版社
　　　　　（北京市东城区青年湖南街 13 号　邮政编码 100011）
印　　装：中煤（北京）印务有限公司
710mm×1000mm　1/16　印张 13　字数 260 千字
2025 年 5 月北京第 1 版第 1 次印刷

购书咨询：010-64518888　　　售后服务：010-64518899
网　　址：http://www.cip.com.cn
凡购买本书，如有缺损质量问题，本社销售中心负责调换。

定　　价：128.00 元

序　一

　　《安全没有捷径——从认知觉醒到执行铁律》是一部凝结作者二十余年安全管理精髓的行业力作。作为EI管理咨询掌舵人、国际认证专家，以跨领域、跨文化的全球视野，将石油化工、矿山、新能源、工贸等行业的风险管控经验淬炼成系统方法论。通过对"安全之道-安全之法-安全之术"的深度解构与实践应用，独创性地提出"认知-体系-执行"三位一体的安全管理闭环，将国际标准与中国本土实践深度融合，揭示了事故背后的认知盲区——从"侥幸心理"到"责任断层"，从"经验主义"到"系统思维"的蜕变过程，系统展示了安全管理从"纸面合规"到"文化扎根"的进化路径，其独创的"认知觉醒到执行铁律思维模型"为管理者提供了可落地的工具包；全书配有精美插图，既为读者提供了文字阅读与思考，又可扫码观看视频直观学习。

　　全书以实战为锚点，既有顶层思维重塑，又有基层操作指南，堪称工业安全领域从"认知觉醒到行为革命"的转型工具书。无论是对企业决策者还是安全工程师，这本书将是打通安全管理"最后一公里"的佳选之作，即所谓当安全成为信仰，捷径自然消失，风险变机遇，人心安定秩序井然。

　　这不是乌托邦的幻想，而是千万次觉醒认知与躬身实践的结晶。正如古罗马引水渠历经千年仍坚固如初，真正的安全文化从不需要急功近利的速成，而是在敬畏与严谨中，用代代人的智慧浇筑文明的基石。

首都经济贸易大学　博士生导师、教授

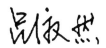

序 二

　　这是一部凝聚二十余载国内外实战智慧的安全管理力作。全书以"道、法、术"为脉络，在战略层面阐释安全治理的核心逻辑，在体系层面凝练系统化管理的科学方法，在执行层面深耕风险防控的实战技术。系统构建了从安全领导力到改进提升的完整管理体系，既深入安全管理的本质规律，又提供可落地的实践路径。这既是一部为决策者量身定制的风险决策指南，也是管理者提升执行效能的专业工具，更是重塑组织安全文化的系统方案。

　　本书的价值维度已超越传统工具书的范畴：对决策者而言，它是穿透黑天鹅、灰犀牛迷雾的战略罗盘，用"风险思维"重新定义安全管理底层逻辑（免除了不可接受的风险即安全）；对管理者来说，它是破解企业管理碎片化、片面化、执行衰减的破壁利器，通过系统化思维和PDCA+SDCA双循环实现政策穿透力倍增；对一线员工，它化身为随身智囊，用"按标准作业""程序即生命""走程序不走捷径"将隐患消弭于无形。更难能可贵的是，书中提供了大量具有启发和思考意义的实战案例，正在帮助无数组织和企业实现安全管理从合规驱动到风险管控的有效转型升级。

　　当您合上最后一页，收获的不仅是上百项经过验证的安全管理方法与工具，更将获得企业系统化安全管理的金钥匙。在作者笔下，那些曾经冰冷的操作规程焕发出人文温度，例行巡检会升华为价值创造的仪式，应急预案则演变为保护生命的屏障。这就是安全治理的至高境界——让每个螺丝钉都闪耀着文明的光辉，令每次作业前的手指口述都成为对生命的庄严礼赞。在这风险与机遇交织的新纪元，本书将成为照亮中国企业安全生产转型升级的北斗星辰。

国家危险化学品应急救援石家庄炼化队原队长
国务院安委办重点县指导服务专家组组长

目录

5 第五章　双重预防：风险与隐患的全面防控　　046

6 第六章　过程实施：安全管理的落地执行　071

7 第七章　检查考核：安全监督与评价　　110

书中英文缩写和全称

AQ	An Quan	安全标准
BRA	Building Risk Analysis	建筑物风险分析
CCPS	Center of Chemical Process Safety	化工过程安全中心
3C	Check, Double Check, Triple Check	三次复核确认
COL	Critical Operating Limit	关键操作限值
DCS	Distributed Control System	分散式控制系统
E-HAZOP	Electrical HAZOP	电气危险与可操作性分析
EI	Energy Institute	英国能源协会
EI	Energy Integrity	伊埃公司简称
ERP	Enterprise Resource Plan	企业资源规划
ESD	Emergency Shutdown	紧急关断
FMEA	Failure Mode and Effects Analysis	失效模式和影响分析
GB	Guo Biao	国家标准
GDP	Gross Domestic Product	国内生产总值
HAZID	Hazard Identification	危险源辨识
HAZOP	Hazard and Operability	危险与可操作性
HMI	Human Machine Interface	人机界面
HSE	Health, Safety and Environment	健康、安全和环境
ISO	International Organization for Standardization	国际标准化组织
JHA	Job Hazard Analysis	工作危害分析
JSA	Job Safety Analysis	工作安全分析
KPI	Key Performance Indicator	关键绩效指标
LOPA	Layer of Protection Analysis	保护层分析
MDL	Mechanical Design Limit	机械设计限值
MOPO	Manual of Permitted Operation	异常工况授权手册
MSDS	Material Safety Data Sheet	安全技术说明书
OBC	Operation Basic Care	操作基本关怀

OIM	Offshore Installation Manager	海上设施经理
OSHA	Occupational Safety and Health Administration	职业安全健康局
PDCA	Plan/Do/Check/Act	策划、实施、评价、处理
PHA	Process Hazard Analysis	过程危害分析
POL	Production Operating Limit	生产操作限值
PPT	PowerPoint	幻灯片文件
PQC	Process Quality Control	过程质量控制
PSI	Process Safety Information	工艺安全信息
QA	Quality Assurance	质量保证
QC	Quality Control	质量控制
QRA	Quantitative Risk Assessment	定量风险评估
SCE	Safety Critical Equipment	关键安全设备
SCTA	Safety Critical Task Analysis	安全关键任务分析
SDCA	Standardize/Do/Correct/Act	标准、实施、纠偏、改善
SIL	Safety Integrity Level	安全完整性等级
SIMOPS	Simultaneous Operations	交叉作业
SIS	Safety Instrumented System	安全仪表系统
SOL	Safety Operating Limit	安全操作限值
SOP	Standard Operating Procedure	标准操作程序
STOP	Stop, Think, Observe and Plan	停止、思考、观察和计划

第一章

安全领导力：构建安全管理的核心

1.1

安全管理第一步：从"头"开始

多年来我在工厂调研时，常会向同事们提出一个问题："工厂的安全管理该从哪里入手？"得到的答案五花八门：有人指着车间说从现场开始，有人摸着设备说要先管机器，还有人抱着法规文件说要先学条文。这些答案都有道理，但更核心的答案在于——安全管理应该从领导的意识开始。

糟糕的领导和优秀的领导

大家想想，要是掌舵的人不重视安全，安全工作能真落地吗？这里说的领导不是指车间主任，也不是指分管副总，而是真正掌握企业命脉的人——公司的股东、投资人及实际决策者。就像大船航行，船长要是不关心救生艇，水手们再怎么检查缆绳都是白搭。现实中太多企业，安全员投入大量精力做方案，也抵不过领导一句"优先保障产量"；隐患排查列了十页纸，却在碰到设备更新预算环节就被砍掉。说到底，安全投入是真金白银，安全文化是日积月累，没有领导发自内心的重视，安全永远只能是贴在墙上的标语。

1.2
安全管理的发动机：领导力

从事安全工作的都听过一句话："领导不重视，安全做得再好也白费。"就像一台机器，发动机不转，齿轮链条再好也没用。安全管理要真正运转起来，必须靠领导力这个核心动力源。

领导力（Leadership）是企业安全运行的引擎钥匙

系统思维是安全管理的全局思维。今天查消火栓、明天抓劳保穿戴，这种碎片化管理就像打地鼠，永远有漏洞。需要以系统工程的思维，把人员、设备、流程串成闭环链条。国家推行的"双重预防机制"，说到底就是系统化思维——既要预判风险，又要控制隐患。

风险管控，要做"天气预报员"。每天早上看天气预报决定带不带伞，安全管理也是这样。动火作业前评估火花飞溅风险，设备检修前排查机械伤害可能，就像预测雷雨区一样，提前支起"防护网"。等隐患成了明患，就像暴雨已经淋湿了衣裳，这时候再补救就晚了。

作业标准是生命线。某企业因承包商没办作业票就进罐作业，导致3人中毒的事故的案例就悬挂在培训室的墙上，引起警惕。特殊作业就像高空走钢丝，规程就是那根"保险绳"，领导要天天检查这根绳子牢不牢。

变更管理最怕"灯下黑"。自家员工培训到位了，可承包商引入的新设备、临时工带来的新风险呢？某企业曾因外包队私自改了管道走向，结果试车时引发事故，此后他们坚持"变更五必查"：查资质、查方案、查培训、查防护、查验收。

事故学习要"揭伤疤"。黑格尔说，人类总在重复历史错误。我们要打破这个"魔咒"。每次事故分析会，都让当事人还原现场，把"伤疤"晾在太阳底下。例如，某企业将绝缘手套检测缺失，导致触电事故的记录长期传阅。记住"疼"，才能长记性。

安全审计不是"找碴"，是给系统做体检。就像中医把脉要"望闻问切"，我们每个月从人、机、料、法、环五个维度给车间"把脉"。某企业一个季度查出的23项问题，整改率100%——因为厂长亲自盯整改，在调度会上一条条通过。

说到底，安全管理是"一把手"工程。领导在安全会上敷衍，下面人就会糊弄；反之，领导带头查现场，员工自然绷紧弦。如某企业总经理发现值班长代签巡检记录，当场撤职，后来所有巡检点都装了人脸识别系统。这就是领导力的传导——上面动真格，下面见真章。

安全不是安全科单独的职责，而是每个岗位的必修课。但要让全员把安全当本能，得靠领导持续"点火"，如周安全会雷打不动、隐患整改说到做到、安全投入绝不打折。当领导真正把安全放在产量前面，企业才能实现长效稳健运转。

1.3

安全领导力：从"知道"到"做到"的距离

在安全管理中，不同岗位就像交响乐团的不同声部：老板是指挥，要确保战略方向；中层是各声部首席，得用专业方法带好团队；一线员工就是乐手，得把规范标准都精准执行。这三个层级各司其职，缺一不可。

但现实中最常见的问题是什么呢？很多企业领导把安全当背景音乐——嘴上喊安全第一，心里却不当回事。就像有人送您号称顶级的猫屎咖啡，但您要是知道这是麝香猫吃下咖啡果又排出来的豆子做的，还敢喝吗？安全管理的道理也一样，如果领导自己都不清楚车间里的风险点，怎么指望员工把安全当回事？

方向对了，就不怕路途遥远

领导的思想认识决定成功的方向

真正的安全领导力，得从"懂行"开始。不是说领导要变成安全专家，但至少要明白几个关键点：化工过程就像驯兽，既要懂"狮子、老虎"（各类危险源）的习性，又要会设置"防护笼"（保护层），还要建立"驯兽规则"（管理制度）。比如要清楚反应釜温度失控的链式反应，知道分散控制系统（DCS），才能给"猛兽"戴上的电子锁链。

某化工厂的案例特别典型。老板亲自带着管理层走到现场，指着改造建设中的防爆墙问："这堵墙真能扛住爆炸？"当总工程师用打火机燎墙板却毫发无损时，老板当场拍板："这样的防护层，所有车间都要达标！"结果当年全集团事故率降了20%。这就是懂行的力量——当领导能说出个门道，安全投入就不再是"冤枉钱"，而是实实在在的"保命钱"。

说到底，安全领导力不是挂在墙上的标语，而是刻在骨子里的认知。当老板能看懂安全报表里的门道，能在晨会上问出关键问题，安全才能真正从"别人的事"变成"自己的事"。毕竟，连指挥家都不识谱，乐团怎么可能奏出安全的乐章呢？

1.4

领导不重视安全就是最大隐患

2005年，英国邦斯菲尔德油库的一声巨响震惊全球。这场特大火灾爆炸事故不仅烧毁了20座储油罐，还引发化工行业对安全管理的深刻反思。

事故发生后，英国用了整整两年时间展开深入调查。让人惊讶的是，最终促成变革的并非技术层面的改进，而是管理思维的转变——行业协会联合政府监管部门、企业高层共同组建了过程安全领导力小组。这些业内顶尖专家达成了一个关键共识：企业安全管理的命脉，其实掌握在最高决策者手中。

英国过程工业安全领导力八项原则：

一、安全领导力是必须的

二、董事会层级必须参与

三、安全管理需要持续积极行动

四、董事会推动是实现良好安全文化的根本

试想，如果董事长会议上讨论的全是产量和利润，没人能看懂安全报表里的风险数据；如果在重大安全决策时，高管们都在表示"这个我不太懂"。这样的企业，安全防线怎么可能牢靠？英国正是看透了这一点，他们的行业规范中赫然写明：企业董事会必须设置化工安全专家席位，这位核心成员不仅要参与决策，更能指着报表说"这里存在重大隐患，必须立即停工整改"。

这给我们上了生动一课：真正的安全领导力不是挂在墙上的口号，而是深植于决策层的专业素养。当企业掌舵人开始用安全思维导航，当董事会议题里安全指标和产量指标同等重要时，整个企业的安全基因才算真正形成。毕竟，领导重视的安全才是"真安全"，领导懂得守护的安全才能长久。

1.5

外行管内行，迟早要遭殃

凌晨三点，老厂区的警报声划破夜空。锈迹斑斑的管道突然爆裂，刺鼻的化工原料喷涌而出，值班工人们手忙脚乱地套上防护服——这已经是这一年第三次紧急抢险了。

这家经营二十年的化工厂，最近频繁登上监管部门"黑名单"。不是消防通道被原料桶堵死，就是安全阀过了校验期还在硬撑。直到这次管道爆裂事故，才彻底暴露了管理层埋下的定时炸弹。

老张攥着泛黄的安全阀检测报告，指关节发白："设备养护讲究数据说话，可现在的决策链条有问题。上次我带着三维扫描仪测出管道壁厚只剩1.2毫米，系统早该停机大修，但上报的评估报告在决策会上被压缩成财务报表上的两行数字。"他望着窗外未散的蒸汽，"让不懂设备生命周期的人拍板检修方案，就像让没上过战场的参谋制订冲锋计划。"

这让我想起在特斯拉工厂的场景：马斯克蹲在生产线上调整机械臂，财务总监同步将实时数据导入风险模型。真正的专业管理，不是简单划分"技术派"或"财务派"，而是确保每个决策环节都有懂行的人把关——工程师计算腐蚀速率，财务团队评估全周期维护成本，最终由既懂设备风险又看得懂资产负债表的人统筹决策。毕竟在高风险行业，每一分成本优化都必须以安全为前提，经过周密的风险评估和验证后，再进行决策。

事故调查显示，78%的化工事故存在"带病运行"情况。究其根本原因，62%的企业都存在"外行指挥内行"的管理问题。

要解决这个问题，得从三个层面入手：一是建立"专业人做专业事"的晋升机制；二是设置安全一票否决制；三是让车间技术骨干进入决策层。

化工厂的管道会老化，但管理者的专业底线不能生锈。把企业安危交给不懂行的人，即便数字算得再精准，也抵不过一声爆炸的轰鸣。

1.6

安全这道坎，九成事故败在管理关

化工行业有观点认为，发生事故不应只归咎于工人，还应审视管理层。回顾响水"3·21"事故、天津港大爆炸、聊城化工厂等重大事故，调查结论多为"管理漏洞"。

当前，某些化工厂的硬件装备并不差，DCS系统可升级，联锁装置能快速补装，进口设备按需购置。可偏偏管理这门必修课，有钱都买不来速成班。就像老师傅带徒弟，操作规程复杂，培训时名词术语繁多，工人听得云里雾里。

有太多这样的场景：安全台账做得漂漂亮亮，应急演练却成了摆拍秀场；工艺参数手册厚重，现场操作全靠老师傅"口口相传"；明明该双人确认的流程，最后变成了"你签完我补签"。这些管理漏洞比设备故障更危险。

安全总监指出，部分管理层存在假重视现象，天天喊安全第一，真到要停产整改时，却拖延观望，这种管理上的侥幸心理如同定时炸弹。

不过好消息是，现在越来越多的企业开始明白：安全领导力不是挂在墙上的标语，而是刻在骨子里的习惯。有化工厂开展"岗位风险脱口秀"，让工人自己讲操作中的风险；有企业把管理层奖金与安全绩效直接挂钩，这些创新管理比买十台进口设备管用。

说到底，化工安全这场持久战，打赢的关键不仅仅在于技术多先进，而在于管理多较真。毕竟，再精密的仪器也防不住人为疏忽，再完善的制度也架不住执行不力。化工安全需从领导层抓起。

1.7

杜邦公司安全四阶段理论：真的靠谱吗？

杜邦公司把企业安全文化分成四个阶段：自然本能→严格监督→自主管理→团队合作。听着有一定道理，但仔细想想问题不少，甚至误导了很多人。

1.第一关就卡壳

企业刚开始都是"自然本能"阶段，觉得出事故纯属倒霉。但现实中很多小作坊虽然缺乏完善的制度，老师傅凭经验也能避免事故。反观有些大厂设备先进，却因为盲目追求效率而发生事故。这说明安全意识和技术水平的关系，根本不是四个阶段能说清的。

2、人盯人 ≠ 严格监督

杜邦公司把"人盯人"的人海战术和片面加强追责处罚定义为"严格监督"，这其实是非科学管理。真正的严格监督应该像交通法规：红灯停、绿灯行，监控摄像一视同仁，"风能进、雨能进、国王不能进"，任何人违规都要接受处罚。现实中，优秀的企业能做好安全，靠的是行业标准、阳光执法和公正问责，而不是搞"人盯人"的人海战术，这不是真正意义上的严格监督。

3.自主和团队非要分高低？

杜邦公司强调先有自觉遵守，再发展团队互助。但在建筑工地等场景中，工人佩戴安全帽是"自主管理"，发现隐患互相提醒就是"团队合作"，这两件事往往是在同时发生的。非要将这两者分个先后顺序，就太教条了。

4.忽视技术的救命作用

现在工厂都安装智能监控了，设备过热会自动报警，比人工监督靠谱多了。就像汽车配备安全带和安全气囊有效降低事故率，新技术在安全管理中的作用与员工处在哪个"阶段"根本没关系。由于杜邦理论诞生于工业时代，显然没考虑过AI监控、大数据预测等新技术的影响。

真实的安全管理应该是这样的：

（1）好制度比喊口号重要（明确标准＋公正处罚）；

（2）科学监控比人海战术靠谱（实时监测＋自动防护）；

（3）培训和工具要两手抓（既教安全意识，也给防护装备）；

（4）允许犯错但要有兜底（重点防重大事故，小磕碰及时改进）。

说到底，安全管理涉及技术防护、自主意识和管理制度，非要把这些拆成四个"阶段"，缺乏实际必要性。

1.8

安全文化五等级：从"应付了事"到"全员共创"

笔者在英国公司工作期间，多次应用到英国能源协会《HSE文化测评指南》（HSE指健康、安全、环境），该指南对企业安全文化等级的定义和特征判定具有客观专业的标准，拥有非常高的参考和借鉴意义。

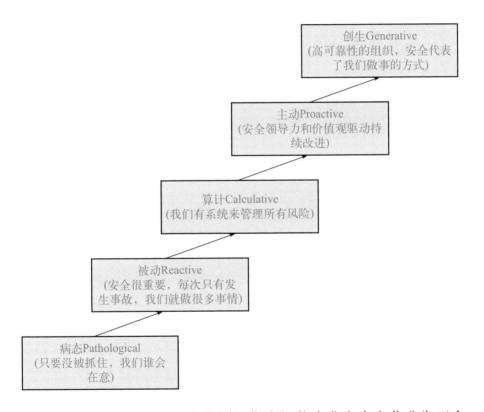

英国能源协会《HSE文化测评指南》将企业安全文化分为五个等级：

1.病态型（Pathological）

（1）管理层对HSE问题不重视，仅做表面工作。

（2）员工只关心自己，缺乏团队合作意识。

（3）事故发生后，责任归咎于个人，缺乏系统性改进。

2.被动型（Reactive）

（1）在事故发生后才会采取临时措施，缺乏预防性举措。

（2）HSE投入主要为满足法律要求，而非主动改进。

（3）培训和管理多为应付检查，缺乏持续关注。

3.算计型（Calculative）

（1）建立了系统的HSE管理体系，但更注重数据和报告，而非实际效果。

（2）奖励机制基于事故率，可能忽视对事故根本原因的分析。

（3）存在HSE程序，但执行不够彻底。

4.主动型（Proactive）

（1）管理层和员工积极参与HSE管理，强调双向沟通。

（2）视HSE与生产效益并重，愿意为安全投入资源。

（3）注重预防措施和持续改进，鼓励员工反馈。

5.创生型（Generative）

（1）安全文化深入人心，全员参与，视安全为共同责任。

（2）强调系统性改进和根本原因分析，而非追究个人责任。

（3）不断创新和优化HSE流程，与业务战略深度融合。

大白话深入理解五种安全文化特征：

（1）病态型（Pathological）特征

"安全？活着就不错了！"

管理层只把安全当"挡箭牌"，出事了"甩锅"给员工。

员工各顾各的，觉得不被"抓包"就行。

事故后光骂人、开除人，从不找问题根源。

（2）被动型（Reactive）特征

"不出事不花钱，一出事才加班！"

安全投入全看法律要求，平时能省则省。

事故后突击搞培训、发警告，热度一过就躺平。

安全报告像"流水账"，数据多但没人看。

（3）算计型（Calculative）特征

"安全=算数据，奖金挂钩事故率！"

安全程序多如牛毛，但员工嫌麻烦走捷径。

奖励发T恤、搞竞赛，但事故率一降，奖励也没了。

管理层盯着报表自我感动，实际改善浮于表面。

（4）主动型（Proactive）特征

"安全是大家的事，有问题一起扛！"

管理层和员工双向沟通，主动听建议、改流程。

安全与效益并重，宁愿延期也要确保达标。

员工敢提隐患，领导及时反馈，事故分析找系统漏洞。

（5）创生型（Generative）特征

"安全像呼吸一样自然！"

全员把安全当本能，同事受伤像自家出事。

不追责个人，专注优化系统和流程。

跨行业对标创新，安全融入战略决策，持续进化。

一句话总结：

病态型文化"甩锅"，被动型文化"救火"，算计型文化"算账"，主动型文化"齐心"，创生型文化"共生"。

第二章

系统化
安全管理:
方向和目标

2.1

工厂安全三要素：好设备、好员工、好制度

对于"什么样的工厂才算真正安全？"这一问题的答案很简单：就像搭积木要打好地基，工厂安全需要三个黄金要素——设计正确、操作正确、维护正确，再加上严密的风险管控，这样的工厂才能让人安心。

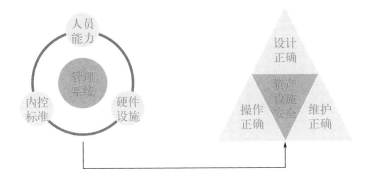

管理系统和资产设施安全之间的内在逻辑关系

想要达到这样的安全状态，需遵循以下"铁三角"法则：

第一，要硬件过硬。好设备是安全的基础，就像你想跑长途，必须得选辆靠谱的车辆。工厂设备也需通过安全认证、质量检测这些硬指标。

第二，靠人才保障。再好的设备也要靠人来操作。培养专业团队要做到两点：一是定期培训，让员工懂原理会操作；二是实战演练，让应急反应成为肌肉记忆。如某央企曾邀请德国工程师进行设备维护培训，现在车间主任闭着眼都能听出机器异响。

第三，看管理制度。安全标准就是工厂的"红绿灯"，既要符合国家法规，又要量身定制。例如，车间墙上挂着"安全操作9条"，每条都是用真实事故换来的经验，其中设备检修双人确认挂牌的规

定，就避免了多次重大事故。

安全不是碰运气，而是靠这三个齿轮严丝合缝地运转。设备是骨架，员工是血液，制度是神经，三者缺了哪个，工厂安全都会变成空中楼阁。简而言之，省在设备上，亏在事故里；松在管理上，痛在教训中。

2.2
别把安全目标搞虚了！三件事必须做到

搞安全管理就像开车要有目的地，目标不明确就容易偏离方向。安全工作的核心目标有三个，具体如下：

第一个硬指标：合法合规

这是安全管理的底线，也是企业生存的生命线。专家来检查时，会严格对照着规范标准排查隐患，能真正做到全面达标的，那绝对是行业标杆。就像考试60分及格，但要以满分要求自己。

第二个硬指标：预防和降低事故风险

这里有个认知误区要纠正：安全管理的目标不是"零事故"。欧洲的塞维索指令、国际通行的PDCA循环（PDCA指策划、执行、检查、处理），讲的都是通过事故改进机制。就像疫苗虽不能保证不生病，但能大大降低重症风险。安全管理的任务是建立预防体系，最大程度降低事故概率和损失。

第三个硬指标：打造本质安全环境

这个目标最容易被偷换概念。安全投入必不可少，包括保险要买、设备要升级、培训要开展等，这些都是实际成本。安全投入如同为企业购买"事故止损险"，就像给房子安装防火系统，虽平时看着费钱，但关键时刻能救命。

总结起来就三句话：

守得住法律底线，做得好风险防控，打造本质安全环境。把这些做到了，企业才能有效规避重大风险，稳健发展，这才是安全管理带来的最大效益。

安全管理三支箭

2.3

PDCA与SDCA：企业安全管理的"双轮驱动"法则

企业常用的PDCA循环和SDCA循环，就像汽车的前后轮，看似相似却各司其职。下面介绍这对"双胞胎"的基本长相：

PDCA四步走：策划（Plan）→ 执行（Do）→ 检查（Check）→ 处理（Act）。这就像个永不停歇的导航系统，专门负责带企业搞创新、破瓶颈。比如要提高生产线效率，先规划方案，小范围试行，验证效果后再全面推广。

SDCA四部曲：标准（Standardize）→ 执行（Do）→ 纠偏（Correct）→ 改善（Act）。它更像是个严格的交通警察，确保大家都按现有规则行驶。就像工厂规定必须佩戴安全帽，SDCA就是用来监督所有人是否都遵守这个规定。

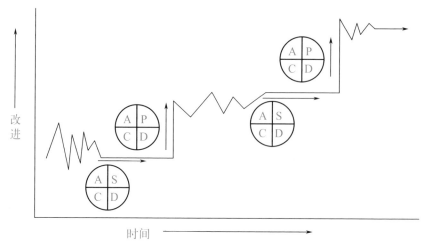

PDCA和SDCA闭环管理双轮驱动

PDCA与SDCA的主要不同在于分工：PDCA是"开路先锋"，专门攻坚克难与创新；SDCA是"守城大将"，专职维护现有成果。它俩并非"对头"，而是相互配合：

（1）上新项目时：先用PDCA探索试验，就像在实验室做研发。确定有效后，立即启动SDCA把成功经验固化下来，变成人人遵守的操作规范。

（2）日常管理中：SDCA确保现有流程稳定运行，就像每天检查设备是否正常。同时，PDCA随时待命，发现哪个环节效率低了，马上启动优化程序。

举个制造业的实例：某公司发现检维修作业安全事故发生率上升，先用PDCA分析原因→制定改进方案→试运行→验证效果。确认新方法有效后，立即通过SDCA制定新作业标准，培训全员执行，并建立检查机制确保落实。等稳定一段时间后，又可以用PDCA开启下一轮优化。

这对黄金组合在安全管理中尤其重要。SDCA像安全护栏，确保现有防护措施有效运转；PDCA像升级程序，不断发现新风险点并改进防护体系。就像丰田（Toyota）、西门子（Siemens）、壳牌（Shell）、华为（Huawei）和太空探索技术（SpaceX）等国际标杆企业，都是左手抓SDCA保持稳定，右手握PDCA促进创新，使管理体系既扎实又充满活力。

记住这个口诀：PDCA开疆拓土，SDCA守土有责。企业合理运用这对"管理双轮"，才能在发展的快车道上既跑得稳，又跑得快！企业既需要"科学家"PDCA的探索创新精神，也需要"工匠"SDCA的精益求精态度。

2.4
CEO的安全管理三字经：守底线、控风险、筑根基

作为企业的掌舵者，在安全管理工作方面有三个重点内容：

第一关：红线要守死

合法合规是企业安全运营的"保命符"。如今，法律这条高压线谁敢碰？轻则停工停产，重则承担刑事责任，这类成本任何企业都担不起。安全许可证办理、特种设备检测等基础工作，必须做到万无一失。

第二关：风险要管住

部分企业追求"零事故"口号并不现实。全世界各个国家和企业，从来没有完全杜绝事故的。按国际标准ISO 45001，安全管理的目标应是预防和减少事故伤害。该配的防护装备、该做的应急演练，这些真金白银的投入，就是给风险加把锁。

第三关：根基要扎牢

本质安全不是搞突击检查，而是要把安全理念刻进每个环节。新设备采购先过安全论证关，操作流程设计自带"防呆"功能，让员工在安全环境里形成肌肉记忆。这就像给大楼打造抗震地基，平时看不见，关键时刻能救命。

说到底，安全管理就是一场持久战。企业不能总去碰运气，要做就做步步为营的棋手——守住底线、控住风险、筑牢根基，这盘"安全棋"才能下得长远。

2.5

为什么说安全管理的核心是"搭体系"？

怎么获得稳定的安全，少出事故？靠体系，只能是体系！所有的体系要解决一个核心问题——稳定。整个体系就是各管理要素或过程的组合，按照一定顺序和作用组合在一起。

如果把安全管理比作盖房子，体系就是支撑整个建筑的钢筋骨架。没有这个骨架，房子可能今天补块砖、明天加根梁，看起来在不断修修补补，实际就像沙滩上堆砌的城堡，随时可能坍塌。

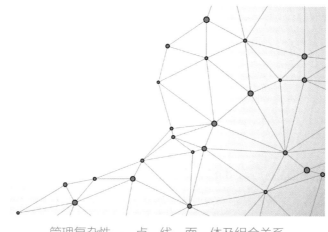

管理复杂性——点、线、面、体及组合关系

那么体系究竟怎么搭建？我们拆开来看：

（1）活动：是最小的"砖块"。比如检查灭火器、填写值班记录等具体工作。

（2）过程：是把砖块砌成"墙"。比如把设备检查、隐患排查、整改跟踪连成闭环。

（3）体系：是整栋建筑的"施工图"。明确各部分的位置、衔接和布局。

好的安全体系就像汽车的自动驾驶系统，不需要每次上路都重新设计路线，只要按既定程序运转，就能持续稳定地规避风险。比如化工厂的标准化操作流程、建筑工地的三级安全教育，这些都不是"临时抱佛脚"的措施，而是经过验证的"安全算法"。

有人总说"我们天天抓安全"，但零散的安全检查就像"打地鼠"，按下这个又冒出那个。真正的体系管理是要让"地鼠"根本没有冒头的机会。通过设备防护、流程管控、人员培训等形成立体防护网，把风险牢牢锁在笼子里。

安全不能靠突击战，而要打持久战。建立体系就是在修筑"安全长城"，每一块砖都找准位置，每个烽火台都互相照应，这才是实现安全长治久安的根本之道。

2.6 磨珍珠串项链：系统化安全管理

很多企业都面临这样的困境：虽拥有双重预防机制、安全生产标准化、过程安全管理等，安全员手里攥着一大把"珍珠"，但就是串不成漂亮的项链。以下我们就用三个步骤，教你把这些零散的管理活动整合成高效运转的安全管理系统。

第一步：搭建主骨架——PDCA循环

PDCA就像人体的脊柱，撑起整个安全管理体系。

（1）策划（Plan）

- 领导要拍板定调：安全是红线还是口号？
- 成立安委会：生产、采购、研发等各部门都要派代表。
- 制定目标：要达成什么安全指标？何时完成？谁来完成？

（2）执行（Do）

- 风险辨识：作业用JSA（工作安全分析）、工艺用HAZOP（危险与可操作性分析）、设备用FMEA（失效模式与效应分析）。
- 定规矩：操作规程、设备维护标准、承包商管理手册等。

- 抓落实: 既要照章办事, 也要过程检验检查 (PQC)。

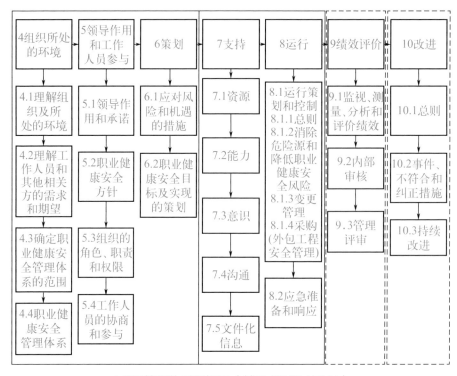

HSE 管理体系逻辑图(基于GB/T 45001)

(3) 检查 (Check)

- 隐患排查就像体检。
- 管理评审是年终总结。
- KPI (关键绩效指标) 考核是月考成绩单。

(4) 处理 (Act)

- 隐患整改是刮骨疗伤。
- QC (质量控制) 攻关是治疗顽疾。
- 管理升级是强身健体。

第二步: 穿好保险绳

需建立五大保障机制, 再好的骨架也需要肌肉保护。

- 安全会议: 定期 "通气会"。
- 应急演练: 每月 "消防演习"。

- 责任保险：给员工买"安责险"。
- 安全培训：培养员工"知识和技能"。
- 信息管理：建好"安全数据库"。

第三步：打磨三颗螺丝钉

很多企业卡在以下三个关键点：

- 要素质量差：就像用麻绳串珍珠，先把每个管理要素打磨成真正的"珍珠"。
- 重制度轻流程：完善业务流程，用"导航地图"当"串珠线"，比如把异常工况处置流程做成"标准动作"。
- 重结果轻过程：给每个环节配备"质检员"，像工厂检查产品那样检查各个重点环节。

举个例子：某化工厂把工作安全分析JSA融入所有检修作业活动中，用流程化手段和标准化表格辨识与管控风险，事故发生率降低25%。这就是系统化管理的魔力——不是做加法，而是做乘法。

好的安全管理系统就像自动运转的机器，各个零件各司其职又紧密咬合。先搭骨架再接线，最后通上"质量控制"的电流，你的安全管理就能自己跑起来！

2.7
PDCA与《心经》的跨时空对话

东西方的智慧很多大道理上是相通的。在新加坡管理团队中，曾出现这样的一个场景：几位攻读硕士的员工每天既要学质量管理体系的PDCA，又要研读《心经》《金刚经》。这看似不相关的学习内容，引发了思考。

《心经》开篇的"观行照度"四字诀，不就是PDCA的文言文版吗？让我们把这两套系统拆开看看：

"观"字当头，就像P（Plan）阶段要洞察全局。"观自在菩萨"的"观"不仅是观察，更是穿透表象的智慧，恰似管理者制订计划时要看透行业本质。

"行"字落地，对应D（Do）的执行环节。但佛经中的"行深般若"比单纯执行多了层深意，就像优秀的管理者既要行动，又要保持觉知工作。

"照"字点睛，暗合C（Check）的检查机制。这个充满禅意的字眼，既像质量检测时用放大镜找瑕疵，又像禅师以"心镜"照见妄念，体现直面真相的勇气。

最妙的当数"度"字收尾，与A（Act）的改进动作遥相呼应。佛家"度一切苦厄"的理念和管理学中持续改进，两者都指向超越现状的生命力。

原来在管理学的深处，蕴含着东方智慧的回响。

皆	多	深	观
空	时	般	自
度	照	若	在
一	见	波	菩
切	五	罗	萨
苦	蕴	蜜	行

《心经》开篇四句

第三章

安全生产责任制:责任与落实

3.1

安全生产责任制为何总是"悬空"？

　　车间里总说"落实安全生产责任"，可这个制度就像飘在半空中的风筝，看得到却抓不住。下面将探讨，为啥这个责任制总在"天上飞"。

　　先给"责任"这个词照个X光。它包含三个机关：职责（要管什么）、任务（要干什么）、过失（干不好怎么办）。就像车间的安全员，职责是盯着设备别出毛病，任务为每天巡检三次、每月组织两次演练，要是没做到位导致事故，则需追究责任。

责任的三个维度

　　要让责任制真落地，得走三步棋：

　　第一步：画好"责任地图"。把生产线每个环节的操作流程理清楚，就像给机器画零件图。比如在原料入库环节，需明确谁验收、谁登记、谁抽检。

　　第二步：分好"责任田"。根据流程图给每个岗位划清责任边界。如包装线上的工作人员，他的职责是检查封口温度，任务是每小时记录三次温度数据。

第三步：立好"责任碑"。每个岗位需有对应的考核标准。例如，行车操作工，要是没按规定做点检，导致设备停机，当月绩效将被扣掉，情节严重者需培训再上岗。

以车间电工班为例，他们重新梳理了责任链条。过去仅笼统要求"负责设备安全"，现在明确专人负责每日绝缘检测、接地系统维护，还配备了扫码点检系统。结果显示，电气故障率较之前直降40%。

安全生产责任制不是挂在墙上的装饰画，而是得拆解成每个人看得见、摸得着的具体任务。就像拼乐高积木，把大目标拆成小模块，每个零件都卡到位，整个安全生产大厦才能立得住。

3.2

安全生产责任："护身符"还是"紧箍咒"？

同样一起事故，不同人面临的后果不同。你知道这中间的差别在哪吗？在于安全责任。

安全生产责任制并非形式，它是实打实的"法律紧箍咒"。目前，国家把安全责任纳入《中华人民共和国安全生产法》（以下简称《安全生产法》）和《中华人民共和国刑法》（以下简称《刑法》），重大事故可能构成"重大责任事故罪"。

法律明确规定，每个岗位的安全责任需落实到人，就像给机器上螺丝，少一颗都不行。企业不仅要明确每个岗位责任，还需定期检查考核。

失职将被追责，尽职则可免责。政府监督重点在于企业是否真正重视安全。企业如果把安全责任当耳边风，将面临法律惩处；反过来，如果每个环节都依规执行，就算发生事故，也不易被连带追责。

安全责任制就是"护身符"。别嫌制度麻烦，它防的不是检查，而是牢狱之灾；保的不是"饭碗"，而是全家幸福。

3.3

安全生产责任制岂能儿戏

企业墙上多挂有安全生产责任清单，可为什么事故还是频发？这些看似规范的表格，很多不过是应付检查的摆设。目前安全生产责任清单存在以下三个问题：

第一，复制粘贴现象。部分企业从网上下载模板，仅更换人员和部门名称，完全脱离企业实际。

第二，责任划分不清。生产部说设备归维修部管，维修部说操作不当是生产部责任，相互推诿。

第三，追责标准模糊。"加强管理""增强意识"这类"虚话"太多，真出了事根本没法对照追责。

真正的安全生产责任需明确以下三件事：

（1）该干什么（具体工作任务）；

（2）该管什么（管理职责范围）；

（3）干不好怎么办（明确追责条款）。

确定落实"三管三必须"的三项核心工作

举个例子，设备部主任的责任清单应包含：

（1）监督全厂设备完好性管理（管理职责）；

（2）组织各车间压力容器年度检验（工作任务）；

（3）若因未按时检验导致事故，承担主要管理责任（追责条款）。

好的责任清单就像交通规则：

（1）每个岗位都是"驾驶员"，知道自己的"车道"（职责边界）；

（2）有清晰的"红绿灯"（工作标准）；

（3）超速必吃罚单（考核追责）。

怎么打造这样的清单？记住"三步法"：

（1）画地图：梳理所有业务流程，像快递分拣一样给每个环节标注责任人。

（2）定规矩：每个岗位写明白"必须做、不能做、怎么做"。

（3）配尺子：制定量化考核标准，比如"车间主任每月带队检查≥3次"。

最后要配套"三把锁"：

（1）培训锁：新员工上岗前必须签收责任明白卡。

（2）检查锁：将安全绩效与奖金晋升直接挂钩。

（3）升级锁：每季度根据业务变化更新责任清单。

责任清单不应只是形式，而是刻在心里的警示钟。

3.4

安全管理的"三必须"原则：人人都是安全员

在《安全生产法》中，有六个字特别关键——"三必须、双七条"。以下阐述"三必须"到底怎么理解。

"三必须"简单来说就是三个"必须管安全"：

（1）管业务的必须管安全（如销售经理不能只管签单，还得确保运输安全）。

（2）管行业的必须管安全（如建筑行业主管部门需抓工地安全）。

（3）管生产的必须管安全（如车间主任既追求产量，更要保障安全生产）。

安全部门的人员就像足球场上的裁判员，主要负责三件事：

（1）监督各部门有没有落实安全目标和计划；

（2）验证安全制度是不是真管用；

（3）检查安全隐患整改到不到位。

优秀的安全管理人员还能发挥更多作用：

（1）充当安全智囊：帮公司设计安全管理流程。

（2）作为内部顾问：指导各部门制定改善方案。

（3）担任系统架构师：设计标准化作业表单。

（4）成为验收专家：核查领导布置的安全工作落实情况。

业务部门是安全工作的"执行者"，安全部门是安全工作的"把关人"。就像做饭一样，厨师负责掌勺（业务部门管安全），安全员负责检查（安全部门监督），大家各司其职，才能让安全生产这锅饭不夹生、不煳锅。

3.5

安全责任不能"踢皮球"！

当前，部分单位存在业务部门甩手不管安全、行业主管也不关注安全、生产部门只顾产量不管安全的情况。最后将安全责任一级级往下推，全压在安全总监、安全部部长和安全员身上。

SAFETY IS EVERYONE'S
RESPONSIBILITY
安全是每个人的责任

某国际石油公司安全标语

这就好比一千根线都要从一根针眼里穿过去。基层安全员天天忙得很，可隐患还是像野草一样往外冒。

《安全生产法》明确规定：管业务必须管安全，管行业必须管安全，管生产必须管安全。安全不是某个部门的专属责任，而是每个岗位、每个人的责任。可现实呢？不少领导还停留在"安全就是挂标语、贴海报、讲话签到"的陈旧观念里。

安全管理既需要专业的管理，更需要全员参与。安全责任应切实落实到每个车间、每个工位。

3.6
用一张图管好安全责任——构建安全生产责任网格图

很多企业天天喊安全责任要"横向到边、纵向到底"，但实际工作中总出现责任盲区。问题出在哪儿？关键原因在于未理清责任网络的整体框架。以下教你用"责任网格图"破解这个难题。

第一步：画坐标轴。取一张白纸，先画个十字坐标系。横轴列明所有职能部门和管理岗位，如生产部、设备部、财务部等，从总经理到班组长一个不落。纵轴梳理所有安全事项，如设备维保、危险作业审批、应急预案演练等，把《安全生产法》的要求逐项列明。

第二步：填充表格。每个安全事项对应三个角色：

（1）主管领导（标▲）：决策的第一责任人。

（2）归口部门（标●）：具体执行的主要部门。

（3）配合部门（标★）：协助落实的支持部门。

填充的表格范例如下：

工作任务	总经理	生产副总	设备副总	生产部	设备部	财务部
安全生产费用审批	▲	★	★	★	★	●
设备维保管理	★	★	▲	★	●	★
特殊作业管理	★	▲	★	●	★	★
应急预案管理	★	▲	★	●	★	★
特种设备年检	★	★	▲	★	●	★

以"特种设备年检"为例：

▲设备副总；●设备部；★生产部、财务部、总经理、设备副总。

第三步：完善责任网。

（1）检查每个表格是否填写完整，确保：

● 每项工作都有主要负责人；

● 每个部门都有对应职责；

● 每个岗位都能明确职责定位。

（2）重点标注交叉区域，对涉及多部门的工作，如"受限空间作业"，需写明衔接流程。

第四步：确保有效应用。网格图不是画完就完事了，还需做到：

（1）每个办公室张贴分管区域的网格图；

（2）新员工入职时了解岗位对应的职责内容；

（3）将绩效考核与网格责任挂钩；

（4）每月例会对照网格图查漏补缺。

很多企业搞安全责任清单失败，就是缺了这张"作战地图"。落实安全责任需先搭框架再填细节，先理关系再定细则，这才是落实"三必须"的有效方式。

3.7

管工作管安全：落地"三部曲"

"三管三必须"的核心其实就一句话：管工作管安全。但具体落地关键要做好以下三个步骤。

管工作管安全
Manage safety on job.

壳牌（Shell）马来西亚公司安全标语

第一步：搭骨架——组织架构要明确。安全管理的根基是组织架构。通过架构图明确各部门的业务范围和交叉点，特别是承包商管理等这种"公共区域"。举个例子，基建部用承包商修厂房，生产部用承包商检设备，总不能让两个部门各自为战吧？需明确主责部门，才能避免"三个和尚没水喝"。

第二步：梳脉络——业务流程要串起来。安全风险都藏在业务流程中。每个部门要把自己的业务链条拆解清楚，明确从采购、施工到验收等，每个环节的安全责任。特别是跨部门协作时，要在流程图上标出"握手点"，避免责任在部门之间"踢皮球"。

第三步：贴标签——责任清单要制定到位。需为每个岗位贴上"安全身份证"。不是简单写"负责安全"，而是要写清楚：设备科长要查哪些隐患、班组长要盯哪些风险点、新员工要守哪些规矩。这份清单要放进岗位说明书，成为绩效考核的"必考题"。

这三个步骤做扎实了，安全责任才能真正从"墙上挂的"变成"肩上扛的"。就像建造乐高城堡，先把结构框架搭稳，再给每个积木块找准位置，整个责任体系才能立得住、转得动。

第四章

资源保障：
安全管理的
坚实后盾

4.1 安全投入

4.1.1 省小钱吃大亏！安全投入才能稳赚钱

部分企业可能认为消防设施不安装能省几十万元，仪表联锁不投入又能节省几万元，然而这些看似"省下来"的钱，实则隐藏着巨大风险。

以某化工厂为例，该厂老板为省八十万元安全投入，结果因火灾造成三亿元的损失。厂房被烧成铁架子，相关责任人也受到法律制裁。

思考安全
工作安全
保持安全
Think Safe.
Act Safe.
Be Safe.

用安全的思维考虑效益

如有数据显示，事故率降了80%，生产效率反倒涨了5%，成本还降了3%。再如笔者亲历的某企业，在两年时间里共经历12场火情，但实现了零伤亡，这得益于其充足的安全投入和应急处置系统功能非常完善。

安全并非单纯花钱买安心，而是真金白银的投资。设备坏了能修，厂房塌了能盖，可要真出人命，性质就变了。如今，各监管部门都在强调"生命红线"，一旦踩线，企业辛辛苦苦打拼的基业说没就没！

因此，安全成本需从大局考量。省下的那些资金就像揣着定时炸弹，指不定哪天就炸得血本无归。真正聪明的老板都明白：把安全措施做到位，能避免停工损失、各种赔偿和罚款，还能保住企业名声。安全投入不光是花钱，更是划算的投资，它省下的钱可比事故赔的要多得多！

安全搞好了，企业才能稳定发展和赚钱。

4.1.2 安全算大账，破解碎片化管理

管理制度、流程、表单等，这些都称之为内控标准。很多人以为制度是做出来给审核的人看的，给政府监督检查人员看的，如果这样理解就大错特错了。

我们对公司的内控标准要秉持严肃态度，至少我在审核的时候，我是带着非常崇敬的心态，看大家写的每一个字、每一个流程、每一个表单、每一项规章制度，因为它是保障员工生命安全、预防事故的重要机制。企业需严格按标准作业，让我们的系统、流程和制度好到极致。

企业常用内控标准

企业难以承受重大安全事故。如某大型石油公司油井喷发现象，导致其股票大跌，就是典型案例。企业老板与主管领导要有大局意识，重视系统化管理。碎片化、混乱的管理模式会降低效率。企业的工程师在专业上勤奋聪慧，但系统运作方面可能存在不足，因此需要一套系统化的保障机制。

4.1.3 解密现代能源企业生存之道

笔者对国内外大型能源企业调查分析发现，安全生产不是比谁更拼命，而是看谁更会借力使力。如被誉为安全生产全球"尖子生"的某海外大型石油公司，用金元攻势组建"梦之队"（安全技术专家团队），以绝对授权保障执行力，才能运筹帷幄之中，决胜千里之外，这才是现代能源企业的生存之道。

专业主义
Professionalism

良好
安全业绩

授权赋能
Empowerment

投入到位
Adequate Resource

具体的案例读者可以扫描二维码观看视频讲解。

4.1.4 壳牌公司花重金只为做三件事

一个公司用大笔投入，做工艺安全信息资料修订完善，这件事听起来似乎觉得不可思议，但这就是壳牌公司，他们对安全的追求、对安全的重视可以说达到了极致。

在马来西亚工作期间，笔者参与过壳牌公司的一个项目，对他们的20多个资产设施的工艺安全信息资料进行全面的更新和完善，他们投入了大笔资金专门做这个工作。

这个工作包括三件事：

（1）全面收集、梳理并更新物质危险性的资料；

（2）对工艺技术资料，如平面布置图、设备布置图、工艺流程图、配管仪表图、有毒可燃探头布置图等八大类图纸，以及设计专篇进行全面修订更新；

（3）对工艺设备设施信息和风险分析的一些评估报告进行修订和完善。

正因为如此重视安全，壳牌公司的安全业绩获得了全世界的认可。

不少企业认识错误，片面的视安全为成本，事前预防投入吝啬，事故后却动辄耗费数千万甚至上百亿补救。

安全不仅是成本，更是投资，设备升级、管理优化、人才培养这些投入到位，方能筑牢企业根基、推动行业进步、护航社会可持续发展。

4.2
安全教育培训及能力建设

4.2.1　能与专家"叫板"的团队，才是安全的防火墙

别再应付检查！培养专业的安全管理人才才是硬道理。从事安全管理的都清楚，应付检查就是个无底洞！应付安全检查，企业永远会被检查牵着鼻子走！

真正聪明的做法是培养自己的"安全特种兵"。这些人要能保证专家提的每条规定都能拿出执行方案。要做到这点，只会填表格可不行，必须把法规标准理解透彻，能够针对专家提出的要求，迅速理清每项要求的底层逻辑。

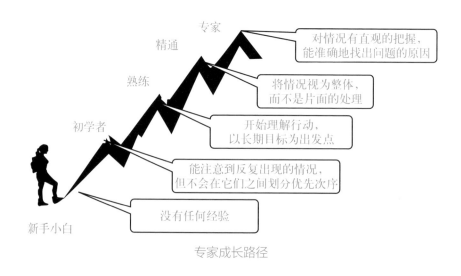

专家成长路径

怎么培养这样的硬核人才？记住这五步：

（1）实战练兵：带着团队边干边学，从现场检查到整改验收全程实操。

（2）专家陪跑：邀请专家手把手教学。

（3）内部造血：把骨干培养为内部培训师，让经验在内部流动起来。

（4）模拟攻防：定期组织"专家找碴"演练，培养逆向思维。

（5）持续升级：每月更新规范库，每季度复盘典型案例。

当团队能笑着对专家说："这条我们去年就优化过"，才是真的把安全管理落到了实处。记住：能与专家"叫板"的团队，才是企业安全真正的防火墙！

4.2.2 废掉员工最快的方式：直接给答案

想要快速让一个人失去学习能力，最直接的方式就是给他答案。让他停止思考，扼杀他的主观能动性。

你见过这样的场景吗？公司培训搞得热火朝天，签到表摞得比字典还厚，试卷写得满满当当。可一到车间随机抽10个员工，请他们讲述近三年发生过的安全事故案例，结果没一个人能说清楚。这反映出可能存在比较严重的问题，培训方式方法出了大问题！

这里分享一个好法子——费曼学习法。这是诺贝尔物理学奖得主研发的一种学习方法，核心思想就是把员工要学的东西通过员工自身讲述的方式来学，达到学习的目标。核心就一句话——会教才是真学会。简单四步走：

（1）先当学生：先花20分钟把重点梳理清楚，就像看电视剧先看剧情简介。

（2）再当老师：试着把刚学的教给完全不懂的人，比如新来的实习生。重点不是照本宣科，而是用平实的语言讲明白。

（3）查漏补缺：讲完发现问题，翻阅资料完善知识，就像考前突击查漏补缺一个道理。

（4）升级2.0版：用简洁的语言重新组织内容，就像给家里老人解释智能手机怎么用，越简单越好。

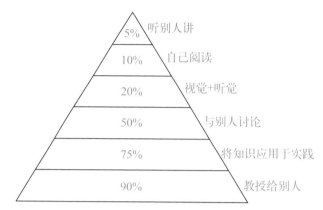

学习方式与内容留存转化率之间的关系[参考美国缅因州国家培训实验室（National Training Laboratories）公开信息]

这可不是什么高深理论，而是咨询顾问们手把手带企业内部培训师、给基层员工培训时，验证过的好方法。下次给新员工当师傅，别光让他抄笔记，直接向他提问："这事儿要是你来讲，准备怎么教别人？"效果绝对比"填鸭式"培训强十倍。

这种学习方法在培养企业内部培训师及基层员工培训中效果显著，也是全世界公认的一种高效的学习方法，对提升企业的管理效率是非常有帮助的。

4.2.3　安全能力：从董事长到员工怎么练？

企业里从董事长到保洁阿姨，每个岗位到底该掌握哪些安全知识和技能？如果此方面无规可循，如同打游戏没攻略、做饭没菜谱、搞生产没安全标准，极易引发重大事故。

1.领导层的安全必修课

（1）董事长安全"三板斧"

- 需看懂财务报表里的安全投入。例如某化工厂董事长发现安全预算少个零，连夜叫停新项目。
- 会算人命账，参考杜邦公司CEO决策案例：宁可停产也不"带病"运行。

能力四分法简化模型

- 培养安全价值观，如学丰田"安灯系统"，让任何员工都能拉停生产线。

(2) 总经理安全"技能包"

- 具备现场隐患"鹰眼"。如某汽车厂老总巡检发现地面积水反光异常，避免百人触电事故。
- 拥有应急指挥实战经验，需模拟过3种以上重大事故场景处置。
- 掌握安全KPI设计，不能只看事故率，还要关注异常工况事件数量和原因分析。

2.技术岗的安全硬指标

总工程师必考三关：

(1) 工艺风险评估，像拆炸弹一样分析每个生产环节。

(2) 设备安全寿命管理，给机器做"体检"要像老中医号脉。

（3）新技术安全论证，引进新设备需先通过安全可行性答辩。

3.全员安全通关秘籍

（1）岗位安全说明书三步法

- 画业务流程图，像外卖员的接单路线。
- 标红危险节点，像游戏里的BOSS关卡。
- 配对应技能包，例如灭火器使用要熟练到闭眼也能操作。

（2）新人安全培训四件套

- 岗位风险地图，标注"雷区"。
- 应急逃生和演练，身临其境学逃生。
- 师傅带徒安全日志，每天记录3个安全要点。
- 安全操作短视频，扫码随时观看。

4.标准动态更新秘诀

（1）每月安全案例复盘会，把别人的事故当作自己的教训。

（2）每季度技能大比武，安全操作来个"华山论剑"。

（3）每年对标行业标杆，安全标准要像手机系统一样持续升级。

为什么要制定能力标准？原因在于让大家做事有章法。就像打游戏要有操作指南，企业制定标准能使所有人知道"该怎么正确做事"。这样做有两大好处：第一，确保公司上下高效达成重要目标，避免行动盲目；第二，面对市场变化或客户新需求时，能够灵活应对。

当下生意越来越难做，优质的企业标准蕴含两大作用：一方面像盾牌，稳固企业核心优势，比如某些化工巨头的标准，别人抄都抄不走；另一方面像武器，能主动出击拓展市场，比如某些AI公司把技术标准开放，反而能吸引更多人用他们的技术。

未制定标准的企业，短期内可能依靠个别人才支撑，但时间长了就会出现员工各自为战、新人来了教不会、业务扩张受阻等问题。因此，聪明的企业都把业务能力标准当"活字典"，边实践边更新，这才是企业长久发展的关键。

4.2.4　培训闭环管理怎么搞？

过程决定结果，逻辑至关重要。在企业安全生产管理中，培训是一个非常重要的环节，却也面临很多的困难和挑战。

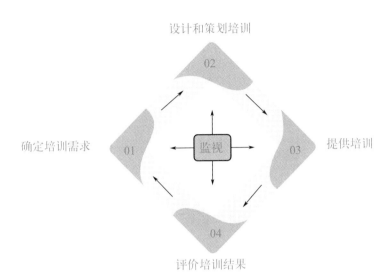

ISO 15001培训闭环管理逻辑图

根据ISO相关的规范标准，培训可分为4个重要的环节：

第一步：先摸清楚到底缺啥（确定需求）。

好比家里做饭，要查看冰箱里有什么食材。培训也是一样，先了解清楚大家现在会什么和不会什么。比如新设备来了，员工不会操作，或者公司制定了新制度，但员工理解偏差，这时候就要像侦探一样，找差距、查问题，明确应补充的培训内容。

第二步：量身定制培训套餐（设计策划）。

知道缺什么之后，就开始当培训界的"米其林大厨"。比如：

（1）给车间工人安排实操课；

（2）给管理层设计案例分析讨论会；

（3）为全体员工开展闯关式在线学习。

同时，需综合考虑PPT讲课、现场演练、线上学习等形式，确定课时并选好讲师。

第三步：开火做饭（实施培训）。

准备工作做好了，就该正式开课了！这时候要注意：

（1）提前调试好设备，避免投影仪等关键设备故障；

（2）准备点互动小游戏，防止学员注意力不集中；

（3）随时观察学员反应，若发现学员有理解困难，及时调整讲解方式。

就像请客吃饭，既要按菜单上菜，也要根据客人喜好灵活调整。

第四步：吃完看看是否吃饱（评估效果）。

培训完需检验效果：

（1）当场考试就像"饭后甜点"，了解学员对知识点的掌握情况；

（2）一个月后回访像"复诊"，查看所学内容工作中的应用情况；

（3）收集学员反馈建议就像"顾客评价"，为后续培训改进提供方向。关键在于确认是否解决了最初发现的问题，没达标的话则需重新培训。

整个培训过程就像种菜：先看地里缺什么肥料（确定需求）→ 挑选合适的肥料（设计策划）→ 按时浇水施肥（实施培训）→ 最后摘果子尝尝甜不甜（评估效果）。只有这四个步骤环环相扣，才能种出好吃的"能力提升大白菜"。

4.2.5　从仪表编号到联锁逻辑：看老师傅如何"盘活"装置安全

在某炼油厂，一位即将退休的老车间主任有个绝活——能把渣油加氢脱硫装置的120张工艺管道仪表流程图（P & ID）牢记于心。从仪表位号到设备参数，从控制逻辑到联锁保护，整套装置的每个细节都刻在他的脑海里。

他会向人发问："知道分馏塔最怕什么吗？液位暴涨、压力飙升！要是进料阀故障全开或者排料不畅，液位超过警戒线，塔盘很快就会变形报废。"他接着说："所以设置了高液位报警、联锁切断进料两道保险，工艺参数还设了高、高高、低、低低限值这四道防线，这些都是从血泪教训中换来的经验。"

　　什么是真正的安全生产？老师傅以三十年如一日的专业积淀告诉我们：把每个参数牢记，对每处风险了如指掌，这才是守护生命的坚实保障。

第五章

双重预防：
风险与隐患的
全面防控

5.1

风险分级防控

5.1.1　安全管理三招制胜：抓"狮子"、打"老虎"、拍"苍蝇"

厂区面积大、设备多，涉及"两重点一重大"，现场作业人员数量大，每年投入大量人力物力搞安全，核心要点可归结为九个字："抓狮子、打老虎、拍苍蝇"。

GB/T 33000、GB/T 45001、AQ 3034
企业安全管理体系

职业健康	行为安全	过程安全

职业安全健康管理三大源头核心

第一招：抓"狮子"。

狮子代表看得见的"行为安全"隐患。就像走路滑倒崴了脚、高处作业不系安全带等情况，这些危险就像草原上的狮子，数量多看得见累积风险高。通过为楼梯加装防滑条、为高空作业配备防护网，把安全规程执行到位，就像给狮子套上铁链，就能迅速降低风险。

第二招：打"老虎"。

老虎象征藏在生产流程中的"过程安全"风险。工厂重点监管的危化品、危险工艺和重大危险源，就像随时可能发威的猛虎，极具危险性和隐藏性。但有"安全洋葱"的八层防护：以本质化设计为基础，辅以自动化操控，再通过安全仪表、联锁系统、防火结构层层防护，最后以应急设施收尾。只要按标准设计、按规程操作、按计划维护，这老虎就会困在铁笼里伤不了人。

第三招：拍"苍蝇"。

苍蝇指代慢性伤人的"尘噪毒"危害。像泵房里的噪声、粉尘区的扬尘、特定区域的化学物等，这些危害就像苍蝇叮咬，当时感觉不明显，时间久了就会损害健康。通过安装隔声罩、配备防尘口罩、设置有毒气体报警器等措施，就像随时拿着苍蝇拍，把这些"健康杀手"扼杀在萌芽状态。

安全管理的关键在于管控危险源。抓狮子可防止行为不当受伤，打老虎能保障过程安全，拍苍蝇可维护长期健康。牢记这三项举措并在班组与岗位全面落实，工厂便能成为安全坚固的堡垒。

5.1.2　生命没有侥幸：风险思维是我们最好的护身符

生活中总有些事让人揪心：某幼儿园春游返程时，老师两次漏点名两名孩子，直到傍晚家长来接，才发现在密闭的校车里已经昏迷的兄妹俩。重庆某商场停车场，38℃的烈日下，年轻妈妈将后排的双胞胎女儿遗忘，最终孩子成为车内52℃高温的牺牲品。更离奇的是，杭州一位车主随手放在仪表台上的矿泉水，在正午阳光照射下如放大镜般引燃了真皮座椅。

这些看似偶然的事故，实则潜藏着必然的风险。国际标准化组织（ISO）早就把风险思维（Risk-Based Thinking）纳入三大管理体系标准，然而，使其融入工作和日常生活才是关键。

以化工厂为例，优秀企业的员工养成了严谨的安全习惯：每次巡检都把压力表当新设备一样检查，关阀门后总要回头再看一眼，交接班记录也书写得极为仔细。日本"指差确认"法就是典型，手指着设备、眼睛盯着仪表、嘴里复述参数，通过三重保障杜绝误操作。

这种风险思维同样适用于日常生活：下车前养成"摸三样"习惯，确认手机、钥匙、孩子是否携带；购物车中的婴幼儿务必系好安全带；夏季车内不放置玻璃制品。安全并不是概率游戏，而是靠持续关注织就防护网。毕竟生命无法"重新加载"，每一次侥幸都可能酿成大祸。从当下起，让我们像检查煤气阀门那样关注生活细节，以风险思维为自己和家人筑起安全屏障。

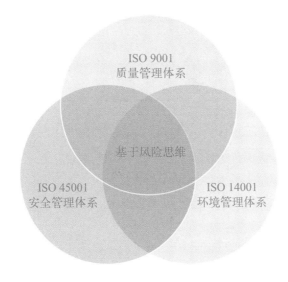

ISO三大管理体系均明确"基于风险的思维"基本要求

5.1.3　风险管理：化险为夷的生存智慧

风险管理，本质上就是给未知的危险"上户口"。就像在黑暗屋子中打开手电筒，把那些模糊的"可能有问题"变成清清楚楚的"这里有危险"。这可不是杞人忧天，而是切实有效的生存智慧。

为什么总说风险管理能救命？举个例子：工地上没系安全带的工人，并非不惧死亡，而是不知道摔下去的严重后果；车间里乱堆的化学品原料，不是有人想惹事，而是没意识到可能引发火灾。这些惨痛事故背后，都藏着一个被忽视的"风险盲点"。

> 风险思维是前瞻思维
> 风险思维是极限思维
> 风险思维是保命思维

风险管理最厉害的地方在于它能"变废为宝"。当你真正看清风险后，它就从威胁转化为机会。就像发现设备老化的风险，可促使技术升级；意识到操作流程的漏洞，能推动制定更科学的作业规范，此时风险反而成为进步的"机会"。

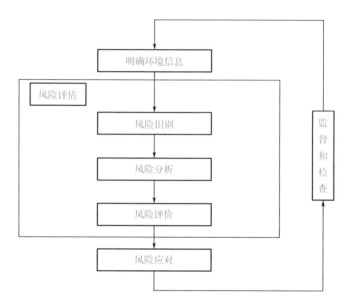

《风险管理　流程图》(GB/T 23694)

具体实施可采用"三步走"战术：首先，当"找碴专家"，全面识别潜在的危险源；其次，当"算命先生"，评估危害有多大；最后，化身"拆弹部队"，制定和落实控制措施。这就像打游戏通关，提前拿到攻略地图，面对挑战能从容应对。

风险管理就是给未来买保险。虽不保证永远不出事，但能让我们在惊涛骇浪中站稳脚跟。把"说不定""可能会""不到位""压不实"这些词，变成切实的安全保障，是企业明智的生存之道。

5.1.4　风险防控三步：识准、控牢、用好

从事相关行业的人员都清楚，事故从来不是"突然"发生的。每起事故背后就两个原因——要么风险没被发现，要么管控措施没落

实。这就好比出门不看天气预报被淋成"落汤鸡"，或者体检报告查出问题却不治疗，能不出事吗？

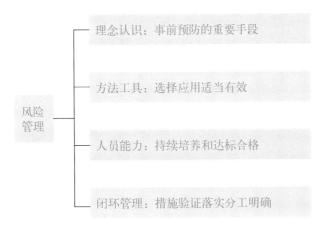

如何发现风险，企业的安全隐患藏在哪儿？设备老化、管道泄漏、操作失误等，这时候就得借助专业"探测仪"：

（1）生产工艺排查异常，HAZOP方法像"放大镜"一样逐段扫描。

（2）设备零件故障预测，FMEA分析能提前确定"哪个零件先罢工"。

（3）特殊作业风险评估，JSA工具把每个动作拆解寻找"雷点"。

发现风险后怎么破局？记住三字诀：

（1）整改要列清单：把报告中的管控措施转化为待办事项。

（2）落实要排工期：像追踪项目进度一样紧盯每个措施的完成时间。

（3）效果要常复查：每隔半年对照清单进行"打钩验收"，检查老问题是否反弹、新风险是否出现。

风险管控从来不是"一次性任务"，而是时刻在线的"安全哨兵"。充分运用风险评估，能为企业披上隐形的安全防护衣。

5.1.5　搞懂8大风险分析法，事故绕道走

老话说得好："真传一句话，假传万卷书"。事故发生的根本原因主要有两点：一是风险没被提前发现，二是防控措施失效。就像家里防盗，既要知道贼可能从哪儿进来，又得把门锁牢固。

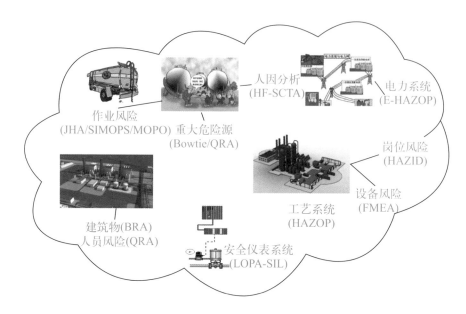

危险化学品行业常用风险分析方法

在安全生产领域，最关键的就是要练就"火眼金睛"，把各种风险识别出来。工厂里到处都是潜在危险：装卸车时可能泄漏，检修设备时可能高处坠落，开停车操作时也可能发生异常……这时候就需要借助合适的工具，就像医生依据病症分科诊断一样，不同风险需运用不同的分析方法。

常见风险分析工具大盘点：

（1）JSA/JHA（工作安全分析）：这是基本功，每个岗位都要会，特别是车间班组。就像做饭要看菜谱，开展任何工作前都要拆解步骤找危险点。

（2）HAZOP（危险与可操作性分析）：工艺人员的看家本领。主

要用于罐区、管线、反应釜等工艺关键部位的风险评估，必须用它层层把关。

（3）LOPA-SIL（保护层分析）：为仪表联锁系统加上"双保险"，确保紧急时刻能有效发挥作用。

（4）FMEA（故障模式分析）：设备工程师的显微镜。排查机器故障模式，就像给设备做全身体检一样。

（5）QRA（定量风险评估）：在涉及防爆墙等级、安全距离等方面，数据说了算。

（6）E-HAZOP（电气危害分析）：电气安全的护身符。用于分析线路过载、短路等电气风险。

（7）Bowtie（领结图分析）：重大风险的"蝴蝶结"。一边识别重大风险，一边构建安全屏障。

（8）BRA（建筑物风险评估）：厂房结构的"体检报告"。判断承重墙稳定性、泄爆口合理性等。

例如，化工车间换泵时，需先用JSA分析操作步骤的风险，再用HAZOP评估工艺变化影响，设备员用FMEA排查新泵故障，最后用LOPA确认联锁保护有效性，这就是风险管控的"组合拳"。

特别提醒各岗位：

（1）班组长：JSA是"作业指南针"，不会使用等于蒙眼走钢丝。

（2）工艺员：HAZOP是工艺安全的"驾照"。

（3）设备员：FMEA是排查设备故障的关键，应熟练运用。

（4）电气工程师：E-HAZOP是"电路图"，必须熟练于心。

安全不是"撞大运"。把专业工具用熟，风险自然无处遁形。所有血淋淋的教训表明，事故往往源于这两个方面——要么未识别风险，要么未落实防控措施。

5.1.6 工厂安全有张"领结图"：一图看懂生死防线

在工厂工作，日常与工艺设备打交道，最怕的是"眉毛胡子一把抓"。领结图作为一种实用工具，就像给工厂风险拍X光片，把重大危险源、相应的防护措施展示在一张图上。

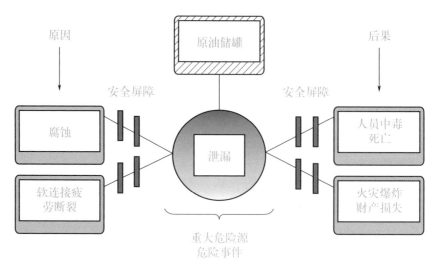

风险管理简化领结图（Bowtie Graph）

领结图的核心有三个关键问题：

（1）工厂最大的危险是什么？（比如化工厂常见的"泄漏"问题。）

（2）为什么会泄漏？（如超压、腐蚀、误操作等因素。）

（3）漏了会怎样？（如爆炸、污染、伤亡等情况。）

画图秘诀有三步：

（1）正中间画个"定时炸弹"，即标注重大危险源。

（2）左边画所有可能"引爆"的原因，如腐蚀、超压等。

（3）右边画爆炸后的"灾难现场"，包括人员伤亡、财产损失等情况。

真正的玄机在中间两条"金腰带"：

（1）左边腰带是"防爆盾"（预防措施）

● 腐蚀监测仪，用于提前发现腐蚀情况。

● 压力联锁系统，在超压时自动关停设备。

● 智能巡检系统，进行24小时不间断监测。

（2）右边腰带是"灭火毯"（应急措施）

- 可燃气体报警装置，确保第一时间发现泄漏。
- 消防喷淋系统，实现自动灭火功能。
- 围堰与收集池，防止污染扩散。

领结图的优势：

（1）每项防护措施都对应具体责任人，例如老王负责压力表校准，老张管理消防系统。

（2）扫码就能快速查阅设备保养记录，如上次检修是3月5日，下次到期时间为6月。

（3）新员工在10分钟内就可以了解风险点和安全注意事项。

例如，某储罐的领结图显示，预防腐蚀要每月进行厚度测量，这个任务直接关联到设备部的巡检系统，到期自动生成任务单，没完成时就亮红灯，这才是把安全落到实处的工具。

5.1.7 小隐患大代价：用STOP法则构筑零伤害防线

老李骑自行车摔断腿，小张巡检时滚下通道伤了胳膊，小王在1.8米高的货车上卸货闪了腰，配电箱检修时又被电弧灼伤……这些看似"倒霉"的意外，实则暴露了安全意识、行为习惯乃至整个安全文化方面的漏洞。

国际劳工组织倡导"零伤害"（Zero Harm）理念，壳牌等化工巨头推行"零容忍"政策。它们有个保命秘诀叫"10秒STOP法则"：干活前先停住手，闭眼想想风险点，睁眼观察环境，最后制定安全方案。虽仅四步，关键时刻却能救命。

所有作业皆存在风险，关键在于具备风险意识，养成"慢半拍"的习惯。就像老司机常说的：宁停三分，不抢一秒。每次动手前花10秒按STOP法则走一遍，落实防护措施，很多惨痛的教训本可以避免。

Stop (停止)	始终让自己免除伤害并停留在安全的地方
Think (思考)	您在哪里？ 您在做什么？ 您准备好并能执行工作了吗？ 您的责任是什么(对自身和他人)？ 您有合适的设备、工具吗？
Observe (观察)	您的周围环境如何？ 您可能接触什么危害？ 您有什么风险?(事故发生的可能性与严重程度) 风险可以接受吗?(如果不可接受，立即停止)
Plan (计划)	规划工作的安全线路(进入、现场引导、避免/减少危害接触) 确保任务安全完成(保持被监督、使用安全工作方法/许可证、使用适当的个人防护设备) 了解安全出口(了解您的逃生路线、避免危害)

行为安全观察STOP黄金准则

5.1.8 风险管理：别让"想不到"变成"来不及"

当前，企业对事故和隐患的认识很深刻，但是对风险的认识、相关方法工具的应用以及相关成果的落地，还差得很远。在制造企业走访发现，虽然企业安全意识提高了，但真正能把风险管理明白的企业不足三成。就像老司机都知道踩刹车，但真正能预判路况的才是高手。为什么企业总是处于"救火"状态？以下这四个"坑"你踩过吗？

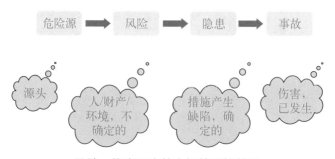

风险、隐患和事故之间的逻辑关系

第一坑：拿水果刀切排骨——工具选用不当。

某化工企业运用"LEC（作业条件危险性分析法）风险矩阵"评估全流程，结果漏掉关键反应釜联锁失效风险。这套方法就像用体温计量血压，根本测不准精细化工的"高血压"隐患。后来改用HAZOP分析，才发现18处联锁装置存在失效可能。教训：选方法要看行业"体质"，危化品企业使用安全检查表管理风险，就像用算盘计算卫星轨道，难以适配。

第二坑：临时工当主刀医生——专业度严重不足。

某化工厂爆炸事故，直接原因是操作工没发现法兰密封面有0.5毫米的腐蚀。当时参与风险评估的"专家"竟是刚转岗的行政人员，把关键设备检查当作普通"打钩"任务。教训：让缺乏设备操作经验的人员查找风险，就像让近视眼找针尖，只能看到大概，却抓不住要害。

第三坑：纸上画画墙上挂挂——过程管控缺失。

某建筑集团工地的脚手架风险评估记录显示"全部达标"，结果监理随便抽检时发现5处立杆悬空。原来评估时项目经理想当然勾选"符合要求"，根本没上架检查。教训：没有三级审核、现场复核的风险评估，就像没放盐的汤，看着像回事，实则没味道。

第四坑：只管播种不问收成——成果落地不力。

某冶金企业完成风险评估后，把"增设煤气报警器"措施写进报告便搁置一旁。半年后煤气泄漏，值班员指着崭新的报警器包装箱称"还没拆封呢"。教训：没验证的风险管控就像网购不验货，虽显示已签收，实际没到手。

真正管控风险，要像老中医看病：选对诊断方法（四诊合参）、培养专业能力（望闻问切）、严格流程把控（君臣佐使）、定期复查效果（跟踪调理）。记住：风险不会因看不见就消失，它总在等企业疏忽的瞬间。

5.1.9 工厂安全卫士：如何识别安全关键设备设施？

在工厂生产过程中，有些设备设施就像守护安全的"特种兵"，它们的正常运行与否直接关系到整个工厂的安危。这类设备叫作安全关键设备设施，主要分为两大类型：

1.事故触发器

这类设备设施一旦出故障，可能直接引发事故。比如化工厂的氢气反应器，如果发生泄漏，就像点燃了火药桶，随时可能引发火灾爆炸。反应器本体及其连接的管道系统就属于这类关键设备，必须重点盯防。

危险源　　　　　屏障　　　　　　目标

危险源、屏障、目标三者之间的逻辑关系

2.安全卫士团

这类设备设施是事故的"克星"，在危险来临时发挥关键作用。它们包括三大功能战队：

（1）侦察兵：如压力报警器、可燃气体探测器，负责24小时监控异常情况。

（2）拦截部队：联锁保护系统，能在发现危险时立即切断流程。

（3）应急分队：应急逃生设施、消防设施等，在关键时刻化解危机。

可以运用"领结图分析法"（Bowtie）识别这些安全关键设备设施：

第一步：锁定工厂最大风险，比如化学品泄漏。

第二步：画出事故，从原因到后果的链条。

第三步：标出控制措施，像设置路障一样设置安全屏障。

第四步：筛选硬件设备，所有标红的"硬屏障"就是关键设备。

这种方法就像给工厂做CT扫描，能清晰呈现安全防线上的关键设备。比如在油气储罐区，通过分析发现：罐体防腐材质、液位联锁、紧急切断阀是需重点维护的安全关键设备。

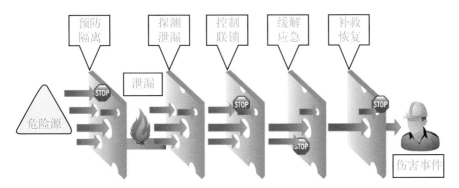

危险源、屏障和伤害之间的关系（屏障损坏就形成了奶酪）

识别出安全关键设备设施后，给它打上"VIP"标签，制定专门维护方案。守护好这些安全卫士，就是守护工厂的生命线。

5.1.10 HAZOP分析：以"偏差"揪出工艺隐患的三步法

HAZOP分析法就像给工厂生产工艺过程做体检，核心就抓三个字：找偏差！这个方法的原理既简单又好用。

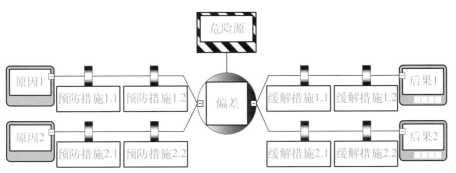

HAZOP分析——以偏差（异常）为中心的逻辑原理

第一步：揪出"偏差"。每个工艺系统都有设计好的安全指标（操作限值），比如压力、温度、液位等关键参数。就像储罐的液位计，如果设计要求液位控制在50%～80%，而结果显示为90%，这就是典型的偏差。

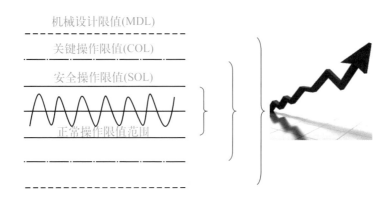

常见操作限值（Operating Limit）的分类

第二步：两头追查。发现偏差后，需从两个方向进行追查：

向左查原因：为什么液位会超标？可能是上游阀门卡死导致进料过多，或是液位计故障没报警。

向右查后果：液位过高会怎样？轻则导致物料溢出（专业术语为冒罐），重则引发火灾爆炸，甚至危及操作工安全。

第三步：上双重保险。找到问题后就要装双重"安全锁"：

预防锁：从根源解决问题，比如给储罐加装备用液位计，设置自动切断阀。

应急锁：发生意外能兜底，比如设置溢流收集池，配置自动喷淋系统。

HAZOP分析过程就像医生问诊：发现异常指标→追溯发病原因→预测病情发展→开预防药＋急救方案。这个方法最大的优势就是系统全面，把可能的安全漏洞一个个"筛"出来，特别适用于化工、能源类高危行业。

关键点总结：

（1）偏差（异常）指实际参数超出操作限值范围。

（2）需同时查清"为什么超标"和"超标会怎样"。

（3）既要阻止发生（预防），也要控制损失（应急）。

（4）每个工艺节点都要进行此类"过筛子"检查。

5.1.11 三步法搞定：安全仪表SIL定级

在危化品罐区管理中，国家规定一、二级重大危险源需配备安全仪表系统。而确定其安全等级没这么复杂，掌握以下三个关键步骤即可：

第一步：算清风险账。比如某储罐为例，其原始风险为10^{-1}（即每十次操作可能出现一次冒罐），企业设定的安全目标为10^{-5}（每十万次操作最多出现一次事故）。这意味着要把风险降低至原来的万分之一。

第二步：盘点现有保护措施。罐区已具备液位监控和人工处置手段：

（1）液位报警能把风险降到10^{-2}（每百次操作出一次问题）。

（2）值班人员响应再降两个数量级，达到10^{-4}。

但距离目标仍有10^{-1}的差距，这个缺口需要安全仪表系统弥补。

第三步：对号入座定级别。这时候需要安全仪表系统提供10倍的额外保护（将风险从10^{-4}降到10^{-5}），对应SIL1等级即可。就像给储罐安装智能保险丝，液位异常时自动切断进料，而不必动用核电站级别的防护系统。

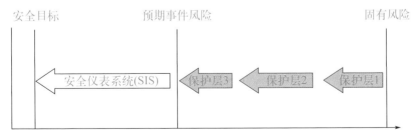

基于保护层分析（LOPA）确定安全仪表功能的完整性等级（SIL）

实际应用中要注意三点：

（1）不同事故场景要单独评估，比如冒罐和泵汽蚀风险不同。

（2）现有措施的有效性需打折扣，比如人员可能存在疏忽或误操作。

（3）修正系数要按实际工况调整，例如夜间操作风险系数可能翻倍。

某化工厂的甲醇储罐通过这样的三步评估，最后确定加装 SIL1 级的联锁切断系统。整套改造成本不到 50 万元，却把事故概率从每年可能发生降低至千年一遇水平。这种精准分级既保障安全，又避免过度投入，彰显安全管理的真功夫。

5.1.12　交叉作业安全风险避坑：三步绕开危险陷阱

在工业生产中，交叉作业场景并不少见，如厂房里这边在检修管道，那边在焊接设备，这时候怎么保证安全？掌握下面这三个关键步骤，可有效管控交叉作业安全风险。

第一步：先画"作业地图"。开工前需要把整个作业现场全面梳理。使用笔记本记录区域里所有正在进行的、计划开展的作业活动，涵盖每个作业时间段、具体位置、使用设备及涉及人员等信息，确保无遗漏，漏掉一个环节都可能埋下隐患。

第二步：玩"连连看"找风险。把登记好的作业两两配对，就像玩连连看游戏。重点观察每对作业组合是否存在以下三种"危险关系"：

（1）"拆台型"风险：好比这边搭了防护架，那边的吊装作业一不留神就给碰倒了，这就是典型的破坏安全防护。

（2）"打架型"风险：像电焊火花遇上油漆作业，易引发危险，这种直接冲突必须杜绝。

（3）"叠罗汉"风险：单独作业都没事，但组合后风险超标。比如两个区域各自噪声为 80 分贝，合起来就超过安全限值。

• 情况1：一种作业是否破坏另一种作业的安全保护措施？

• 情况2：两种作业之间是否会发生冲突和干扰？

• 情况3：两种作业同时进行是否会产生叠加风险？

交叉作业三种常见风险叠加场景

第三步：亮"红绿灯"做决策。依据风险清单组织作业人员开会，对作业组合逐一评估：

（1）红牌罚下：发现任何上述三类风险，直接禁止作业。

（2）黄牌警告：对于风险可控的情况，采取防护措施，比如设置隔离挡板、错开作业时间等。

（3）绿灯通行：作业间无关联风险可绿灯放行，但也要定期复查。

特别提醒：就算通过审批，现场也应指定专人盯守，确保各作业队伍保持安全距离。

记住这个口诀："查全作业画地图，两两配对找风险，红黄绿灯把关口"。把这套方法用熟了，交叉作业也能变得安全有序。开工前运用该"安全筛子"，能把隐患问题统统筛出去！

5.1.13 "灰犀牛"与"黑天鹅"：你看得见与看不见的危险

工厂里常说的两类安全危险，就像"灰犀牛"和"黑天鹅"。这可不是说车间里真养了动物，而是借它们来形容两种完全不同的危险类型。

难预见风险

可预见风险

"灰犀牛"和"黑天鹅"风险事件

"黑天鹅"事件难以预料，虽然不常发生，但一旦出现就会带来巨大破坏。比如内蒙古阿拉善露天煤矿事故，就像平地起惊雷，在常规作业中突然坍塌。这种事故就像你走在路上突然遇到暴雨，天气预报没说有雨，却让人浑身湿透。

而"灰犀牛"更像是车间里的"老熟人"，相对容易预料。诸如检维修作业时的违规操作、外包队伍管理漏洞、工艺变更未遵循正规流程等情况，都属于"灰犀牛"范畴。明明看着笨重老实，可要真发起脾气来，破坏力一点不含糊。比如某化工厂换热器检修时，工人为图省事没做能量隔离，导致高温介质喷溅造成烫伤，这就是典型的"灰犀牛"事件。

说到这儿有人可能想问：既然"灰犀牛"事件这么明显，为何还频繁引发事故？这就如同"温水煮青蛙"，日常见得多了，人们容易放松警惕。比如承包商管理，长期打交道可能会疏忽资质审查；工艺变更时，若认为"就改个小参数，无关紧要"，可能引发连锁反应。这些看似不起眼的"小问题"，积累到临界点就会变成大事故。

那怎么应对呢？对"黑天鹅"事件要"常备伞"：建立专业风险研判机制，落实控制措施，开展应急演练，储备应急物资，提升员工现场处置能力。对于"灰犀牛"事件，要强化执行力"勤扫雷"：严格执行作业许可、变更管理等基础制度，运用双确认、三方会签等手段"卡"住风险。就像老话说的："晴天修屋顶"，别等风雨来了才着急。

"黑天鹅"和"灰犀牛"时刻提醒我们要有前瞻思维和极限思维，对安全控制措施不容有丝毫懈怠。安全生产没有"万一"，对待"黑天鹅"要存敬畏之心，面对"灰犀牛"要下足功夫。

5.2

隐患排查治理

在对国外某大型公司进行安全审核检查时，六位专家整整查了一周，最后交出的报告只有8条整改建议，内容不过是平台栏杆防腐漆掉了一小块、逃生通道反光条褪色了，最严重的也不过是培训记录漏签。

"这可能是我们收到过最完美的检查报告。"该公司（Petronas）的OIM（平台经理）接过报告时满脸笑容。在烈日下的钻井平台上，看着光洁如新的设备、规范整齐的操作记录，原来"隐患"这个词在该企业根本找不到对应翻译，他们更习惯用"不符合项（Nonconformity）"这样中性的表达。

笔者也曾发现有些企业在化工厂的管廊下，锈蚀的支架、渗漏的法兰、胡乱堆放的物料像蛛网般纠缠在一起。翻开操作记录本，缺页漏签、字迹潦草的情况比比皆是。更有工人着装不符合安全规定，在防爆区接打电话。

这种天壤之别的背后藏着三重枷锁：

（1）历史欠账要弥补：很多企业设备历史欠账多，设计施工标准不规范，部分设备服役超过20年，就像个浑身伤病的老人。例如有家氯碱厂的反应釜铭牌锈蚀难辨，操作工还在凭经验控制压力和温度。

（2）人员断层在阵痛：某石化企业老师傅退休后，新员工把"先开入口阀再启泵"的操作顺序颠倒，直接导致管线气蚀破裂。

（3）管理理念要升级：有的企业把安全奖和产量奖捆绑考核，车间主任为拿奖金，让"带病"的压缩机超期运行半个月。

安全生产从来不是靠检查组"找问题",而是要把"预防"二字融入企业骨子里。这条路我们才刚起步,但总要有人先迈出这一步,就像踏上国外钻井平台时,那些令人震撼的安全细节,也是他人用教训换来的。

5.2.2 整改不是万能药:隐患治理必须回答五个问题

在对某化工企业做安全大检查时,出现了一个有意思的场景。检查组汇报完查出的86项隐患后,总经理拍着胸脯保证:"我们马上组织整改,一个月内全部解决!"

听到这话,几位专家却笑了。翻开该企业近三年的检查台账,专家发问"张总,您企业三年接受112次检查,平均每次查出隐患67项。去年5月消防检查的38项隐患里,有20项和今年我们查出的隐患重复出现。这说明什么问题?"

会场突然安静下来。专家指着台账上的数字继续问:"就像车间静电接地缺失的问题,三年被不同检查组提了8次。每次整改后过段时间又出现。是缺钱买材料?还是车间主任总忘记检查?或者维修班组总被临时调走?"

看着若有所思的管理层,专家打开投影仪:"各位,隐患整改就像割韭菜,不挖根子永远割不完。"企业隐患反复滋生,根源在于以下五大问题:

(1)资源配置:是真缺人缺钱,还是资源分配不合理?

(2)理解偏差:是没看懂标准,还是理解有误?

(3)流程漏洞:哪个环节存在问题?工作流程合理吗?

(4)责任真空:相关事务究竟归谁管?

(5)执行走样:有标准却不执行,还是执行打折扣?

专家举例说明:"比如这次查出的电机防护罩缺失,要是不查清是采购流程受阻、维修排班不合理,还是操作工图省事故意拆除,即使换上新防护罩,仍会丢。"

张总这时插话:"就像我们前年花大价钱整改的静电接地问题,

后来发现是岗位交接流程没闭环……"其他管理层也开始纷纷参与讨论。

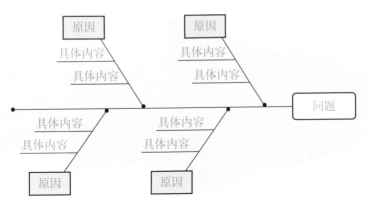

运用鱼骨图开展问题原因分析

看着终于热烈展开的"病根研讨会"，检查组悄悄退到后排。这才是安全检查该有的效果，不是简单列出整改清单，而是激发管理者刨根问底的思考。毕竟，治病要治本，除患要除根。

5.2.3 告别碎片化检查：系统化隐患排查这样做

在企业安全检查中，总发现相似的问题反复出现，如防爆电气没安装、作业票漏签字、培训效果不验证等。这些零散隐患就像散落的拼图碎片，明明知道有问题，却总拼不出完整的安全图景。更让人深思的是，专家发现的问题，有时企业技术员了解得更为透彻，这恰恰暴露了传统检查方式的局限。

> 凡问题，必有管理原因

实践验证表明，过程方法（Process Approach）能有效破解这个困局。这个方法就像给隐患排查装上"导航系统"，从以下八个维度帮助企业构建安全管理框架：

（1）输入（精准掌握）；

（2）输出（执行结果）；

（3）资源（人力、物力）；

（4）职责（岗位分工）；

（5）方法（操作流程）；

（6）监控（过程把关）；

（7）KPI（考核指标）；

（8）改进（优化机制）。

某化工企业可燃气体探头缺失，传统检查仅开具整改单。但运用过程方法深挖发现：技术人员根本不了解GB/T 50493标准（输入缺陷）；安全部门未建立检查流程（方法漏洞）；仪表维护责任不明确（职责交叉）。这样系统诊断后，就能开出"治本"的药方。

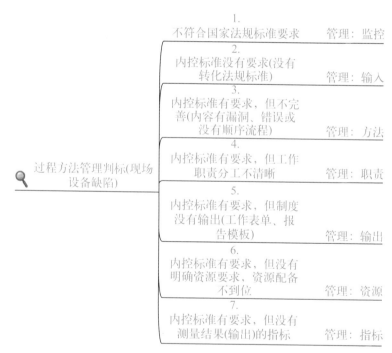

运用过程方法开展隐患产生的管理原因分析

具体实施遵循三步策略：

（1）技术对标：对照规范逐项核查。

（2）管理溯源：沿着八个维度追根溯源。

（3）系统整改：建立PDCA闭环机制。

上海某工业园试点成效显著：某涂料企业重构"隐患治理流程"，同类问题复发率降低76%；某制药厂建立"岗位责任清单"后，安全检查效率提升3倍。

这种转变的本质是把零散的"找碴式检查"升级为"管理体检"。企业若掌握过程方法，开展自我诊断，便能实现从"被动应付检查"到"主动构建防线"的质变。毕竟，稳固的安全防线，依托于完善有效的管理体系。

5.2.4 当风险撞上侥幸：企业的致命算术题

厂区大门口往往挂着"风险分级管控"的牌子。但真遇到抢生产的时候，这块牌子能抑制住老板心里对利益的算盘吗？去年某地区化工厂爆燃事故调查报告显示，83%的企业不会运用风险评估矩阵，管理人员对"可接受风险值"的理解还停留在"差不多就行"的层面。

在有些优秀企业安全管理实践中，风险管控极为较真。例如检修天然气压缩机时，拧螺丝的圈数都要对应风险等级：拧两圈属低风险，拧三圈则需启动二级预案。曾有工程师发现接地线少缠了半圈，便要求全车间停工整改。主管万分焦急："耽误这一天损失二十万元啊！"总监却以计算器说明："漏电引发火灾的概率会从0.3%飙升到7%，风险溢价达两千万元！"

也有些工厂，操作存在严重问题。锅炉压力达到警戒线时，生产科长向老板建议："这种情况以前遇到过，从来没发生过事故，调整一下水质就好。"结果凌晨三点压力阀崩飞，巡检员受伤。事后调查发现，实际风险值早已突破70%红线，但值班表的风险评估"水质"栏却全填"正常"。

更荒唐的是风险自欺现象。某注塑厂老板曾称："机器冒火星算什么风险？火星掉水槽里不就灭了？"结果一年秋天，火星引燃油烟管道，三层厂房几乎烧毁。这样的案例屡见不鲜，根源在于风险认知出了问题。

由此可见，很多公司要强推"风险可见化"的必要性，需挖掘那些藏在经验主义里的风险隐患，不能仅关注生产目标，更要考量风险发生概率。毕竟在安全领域，风险如同庄家，而我们押上的是生命的筹码。

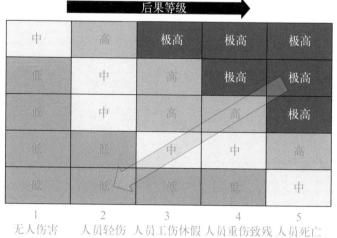

运用二维矩阵评价风险等级并辅助决策

第六章

过程实施:
安全管理的
落地执行

6.1

制度规程标准

6.1.1 制度不能靠"自觉":"违章"工人不是替罪羊

在制度设计中,有个普遍误区:总把员工当"圣人"看!好像人都不会犯错似的。这可不现实啊!是人就会出错,关键得把流程设计得足够清晰易懂,确保每个人都能依照操作。

> 只有规定动作,没有自选动作
> 是这样吗? 能做到吗? 怎样才能做到?

一些操作规程表述模糊,诸如"导气后及时开启……""及时"是多久? 3秒? 0.1秒? 每个人理解都不一样。就像蜗牛觉得三天算及时,火箭卫星0.0001秒才算及时,这能不出岔子吗?

再如"根据液位变化及时开启……"到底是液位高还是低? 变化多少算达标? 这种说法找三个人能有三套操作方案。更甚者"待系统流程贯通后,利用系统入口放空调节系统压力",具体哪个阀门? 操作步骤全凭猜。

需遵循以下三条铁律:

(1)把员工当正常人看,允许其犯错的可能性。

(2)每个步骤都要具体到名称、位置和数值。

(3)采用通俗易懂的语言编写标准。

好的流程应该像乐高说明书,仅靠图示就能操作。把"及时"改成"压力表指针到红线后3秒内",把"到位"换成"阀门旋转至90°位置"。只有把标准精确到具体数字上,才能真正降低事故发生率。

制度规程编写者应牢记,编写的不是诗词歌赋,而是关乎生产安全的指南。少用形容词、副词,多用确切数字与步骤说明,这才是对员工和企业负责的态度。

6.1.2 五本规程不如一本实用：看懂要求、内容与形式的关系

在企业交流时，发现车间里整整齐齐摆着五本操作规程，然而工人师傅们作业时一本都没翻开过。问起原因，负责人称："安全要一本、工艺要一本、特种设备要一本，国家有规定啊！"

这话听着在理，但仔细想想，编写规程的目的是什么？需理清三个关键词：

(1) 要求：国家规定企业要有操作规程，这是硬性标准。

(2) 内容：指真正指导工人安全操作的关键要点。

(3) 形式：包括编写成几本、装订样式等这些外在表现。

就像家里做饭，要求是做出健康餐，内容是搭配好的三菜一汤，形式用家常碗盘盛装，没必要摆满汉全席。但很多企业把力气都花在凑本数、搞排版上，多本规程各自独立，实际使用时却让人无所适从。

你把水放进杯子里，它就变成了杯子的形状。
你把水放在瓶子里，它就会变成瓶子的形状。
你放进茶壶里，它就会成为茶壶的形状。

要求、内容和形式之间的辩证关系（喝水是要求、水是内容、瓶子是形式）

对此，可将安全信息、操作限值、废弃物处理、应急操作等这些内容整合成一本"全能手册"，不同章节用颜色标签区分。工人试用后反馈良好，称之前找规程需翻多本册子，现在查找便捷。

这启示我们：落实要求应注重实质，而非在形式上较劲。就像穿

衣服，保暖是目的，毛衣、棉袄是内容，至于选立领还是圆领，那都是次要的。企业管理也是这个理，规程不在多，管用才行。

6.1.3 为何百年老店屹立不倒？流程管得好！

俗话说"铁打的营盘流水的兵"，那些能活100年、200年的"老字号"企业，靠的不是运气，而是扎实的流程化管理。当下，很多企业总抱怨"责任压不实"，其实根本原因就出在管理流程上：要么流程衔接不畅，要么流程根本无法正常运作，甚至不同流程之间互相冲突，就像高速路上突然出现断头路，再好的司机也难以顺利通行。

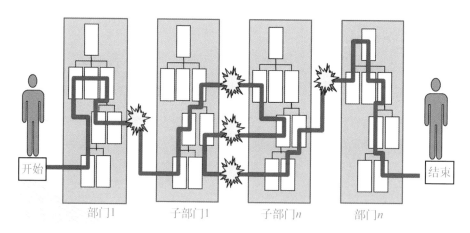

业务流程是开展工作的导航地图

在实际中，太多企业掉进这样的"坑"：制度文件堆积如山，日常检查频繁，员工疲惫不堪，可一旦遇到事就手足无措。究其原因，在于没有像样的流程。就像盖房子不打地基，光靠领导督促、员工自行摸索，不出问题才怪。

搞明白流程管理，至少能带来三大显著益处：

（1）新手瞬间变成老师傅：有了标准流程，就像给新人配备了导航仪。无论多复杂的工作，只要照着流程一步步操作准没错。以麦当劳为例，年轻人培训三天就能上岗炸薯条，这就是流程的强大作用。

（2）减轻领导管理负担：很多企业老板天天忙得不可开交，其实是被不靠谱的流程拖累的。而好的流程就像自动驾驶系统，该谁干的活自动派到谁手上。领导只需关注关键指标，无需天天追着员工督促工作。

（3）批量培育人才不是梦：老员工退休往往会带走个人经验，核心岗位总被"能人"制约，而流程化管理能把个人经验变成组织能力。就像可口可乐的配方锁在保险柜里，无论CEO如何更替，照样能"造出那个味"。

有些专家在企业检查时，只是指出问题，如"这里不行""那里要改"，可就是不告诉你怎么串成完整的流程链。这就好比给你一堆珍珠却不给穿线，再好的珠子也成不了项链啊！企业缺的不是技术专家，而是能把散珠串成链的管理专家。

说到底，流程就是企业的骨架。骨架硬了，企业便能稳如泰山。那些百年老店早就明白：人可能会走，经验可能会流失，但只要流程在，企业就永远有主心骨。企业若想要基业长青，先把流程这张网织密实了。

6.1.4 安全出问题就"甩锅"：这些病根更该治！

每次发生事故就将责任归咎于安全层面，这个"锅"背得实在冤！就像看病不能光看症状，而需揪出病根。很多事故看似安全问题，深入探究后，往往藏着以下深层次管理问题：

（1）理念分歧：你说往东他往西，基本方向不一致。

（2）目标像空头支票：目标难以分解成具体方案与计划，沦为空谈。

（3）责任拼图没拼好：要么抢着管，要么没人管，权责划分不清。

（4）业务流程无序：缺乏稳定性，受管理和操作人员主观因素影响大。

（5）考核像橡皮筋：标准时紧时松，取决于领导主观判断。

（6）沟通变传话游戏：信息从总部到班组，每传一层就变味，最后执行效果大打折扣。

安全是结果，过程是重点，管理是手段。安全管理就像接力赛，安全专业、专业安全、属地安全和支持保障等任一环节出现问题，都无法达成最终目标。与其事后推卸责任，不如强化专业和属地的过程管理，把每个环节的"螺丝钉"都拧紧了！

6.1.5 安全标准：不是捆手脚的绳子

车间墙上贴的那些操作规范、流程和表单，可不是用于应付检查的"面子工程"。这些白纸黑字的规矩，是无数经验与教训换来的，是咱们的"保命符"！

例如，有人在20米高处作业掉下来，为什么能毫发无损？因为他按规程系好安全带。工厂每年因员工遵守安全规范省下的工伤赔偿金颇为可观，但金钱能买回伤残的肢体吗？能换回被烧成废墟的厂房吗？

某大型石油公司的油井爆炸事故震惊世界，油井爆炸后股票暴跌，赔了几百亿美元。在厂区内哪个阀门没拧紧，都可能引发严重后果。

项目组把全厂132个风险点进行梳理并制定了安全标准，比如高温区作业必须佩戴隔热手套、吊装作业需保持3米安全距离等。这些标准并非凭空设定的，而是多起事故换来的教训。

企业工程师即使再聪明，有再好的手艺也得有规矩约束。谁按标准作业就是英雄，谁不按程序操作就是公司的敌人！保住安全红线，员工才能年年涨工资，家家有奔头！

安全标准不是捆手脚的绳子，而是护心口的防弹衣！

6.1.6 手把手教你用过程方法写制度：从输入到输出全流程指南

编写管理制度是一项技术活，就像炒菜要按步骤来，用过程方法写制度也有固定的流程，可拆解成"备料—炒菜—上菜—复盘"四步，保证你轻松上手。

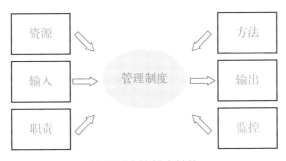

管理制度的基本结构

第一步：备齐原料（输入环节）。好比炒菜前要买菜，编写制度前先备齐这些材料：

（1）制度身份证：用一句话说明制定制度的目的，如规范车间设备维护流程。

（2）适用范围：说明适用的人员、部门、场景，如适用于生产部所有工艺操作岗位。

（3）参考清单：列明依据的法规、标准、上级文件，如GB/T 19001标准。

第二步：备好厨房（资源准备）。就像炒菜需要锅灶，执行制度要准备：

（1）人员安排：确定需要哪些岗位配合，如设备管理员+维修组长。

（2）硬件装备：必备的工具设备，如检测仪器、企业资源计划（ERP）系统。

（3）知识储备：相关操作规范及过往经验教训。

第三步：明确分工（职责划分）。这里要像分饺子馅一样清晰：

（1）主责部门：确定总负责部门，如设备科。

（2）配合部门：明确谁要搭把手，如采购部负责买配件。

（3）具体岗位：落实到具体人员，如张三负责每日巡检。

第四步：炒菜流程（程序路径）。把动作分解成以下步骤：

（1）启动阶段：说明怎么申请立项，如填写"设备维护申请表"。

（2）执行阶段：分步操作指南，如先断电检测→再更换零件→最后试运行。

（3）记录要求：如"维护记录表"需签字存档。

第五步：质量把关（监督改进）。相当于菜出锅前的尝咸淡：

（1）检查频率：如每周五下午三点现场抽查。

（2）考核指标：关键KPI，如设备故障率≤2%。

（3）奖惩措施：达标奖励500元/月，不达标培训再考核。

（4）风险雷达：提前识别风险点，如配件断货怎么办。

（5）改进机制：每月分析数据，持续优化流程。

第六步：打包上菜（输出成果）。别忘了附上全套工具包：

（1）工作模板，如"设备点检清单"。

（2）流程图解，如"维护工作流程图"。

（3）关联制度，如"安全生产管理办法"。

记住口诀：输入输出要闭环，资源职责配到位，流程分解到动作，检查改进不能废。依此流程编写出来的制度，保证既接地气又能真正落地执行。编写制度前，不妨先画个流程图辅助。

6.1.7　标准作盾：安全永驻

一人一次安全靠什么？可能有人觉得偶尔一次操作，靠运气也能顺利过关。比如某次没按规程操作却侥幸没出事故。然而，这种"撞大运"的心态能持续多久呢？

那么，一人次次安全又靠什么呢？这时候就要靠经验了。就像厂里的老师傅工作了十几年，闭着眼睛都知道阀门怎么拧，设备响声不对马上能听出来。

但当追求人人次次都安全时，光靠个人经验还管用吗？新来的实习生有经验吗？夜班困得打盹的时候经验还可靠吗？不同老师傅的操作习惯能完全统一吗？

这时候就凸显出标准作业的优势了！只有把每个动作、每道工序都制定成明确的标准，让新员工按标准培训，老师傅按标准操作，管理层按标准检查，夜班按标准流程轮值，才能实现真正意义上的人人、时时、事事都安全。

标准不是挂在墙上的装饰品，也不是应付专家检查的文件，而是刻在内心的安全保障。把标准执行到位，让安全成为本能反应，这才是真正的安全生产！

6.1.8 按标准作业：刻进骨子里

真正安全的厂子都有个共同点 ——把"按标准作业"刻进了骨子里。这五个字看着简单，背后可是藏着保障生命安全的底层逻辑。

第一步：先得有规矩。化工厂需明晰每个环节的操作规范。比如买原料要规定纯度、杂质含量要求，生产过程中严格限定温度、压力、反应时间等关键参数。就像炒菜得有菜谱，有了这些标准，员工操作时才知道什么时候该放盐、该开多大火。

第二步：教会员工怎么干。仅有纸面上的标准不够，得让工人真会用。培训不能光讲理论，得手把手教操作。就拿开反应釜来说，得教员工怎么穿戴防护装备、怎么看仪表参数以及怎么应急处理。最好借助模拟设备反复练习，直至员工熟练掌握。

第三步：监督到底不松手。得有人盯着执行。工厂里得安装监控、安排巡检、推行双人作业、执行三次确认以及定期审核等措施，及时发现偏离程序和违规操作的情况。对表现优秀者给予奖励，如发奖金、评先进；对违规者严肃处罚，轻则扣钱警告，严重的直接开除。这就像交通规则，闯红灯就得罚，不然大家都不当回事。

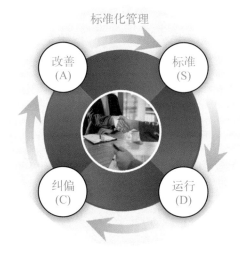

标准化管理循环流程图

"有标准、能操作、必须对"，这三件事环环相扣。只有把每个环节都牢牢把控，安全风险才能得到有效控制。化工厂的安全没有捷径，按标准作业就是最硬的道理！

6.1.9 事故教训：走程序比走捷径靠谱

在化工厂最具价值的"护身符"为制度和程序。它们看似像条绕远路的笨办法，其实是由无数惨痛教训换来的保命法则。

为何程序比捷径靠谱？

程序是化工厂的"武功秘籍"，每一条都是前辈用经验甚至生命写成的。就像开车要系安全带，虽然有些麻烦，但是关键时刻能救你一命。某石化公司曾做过统计，99.9%的事故都是因为走捷径、省步骤、抢时间。比如有个车间为赶工期，跳过原料检测直接投料，结果引发爆炸，损失上亿元。

程序是怎么救人的？

举个真实案例：某化工厂反应釜突然超压，操作工小王没慌，按程序先关进料阀，再开泄压阀，最后降温。这一套动作看似烦琐，但5分钟就化解危机。后来检查发现，如果直接开泄压阀，高温物料可能喷溅引发二次事故。小王说："当时满脑子都是培训时的流程图，根本没时间想别的。"

程序要怎么用才有效？

（1）程序要像菜谱一样精细：某外资企业的标准手册中，对拧螺丝的扭矩都有规定，比如"M12螺栓必须用15N·m力矩扳手拧紧，分三次对角施力"。

（2）培训要像考驾照一样严格：新员工小张入职时，在模拟装置上练习200次开停车操作，直到闭着眼都能按步骤操作。

（3）执行要像查酒驾一样坚决：某国企实行"安全积分制"，每次违规扣 10 分，积满 30 分直接停工再培训。有位老员工因为没戴护目镜被扣光积分，他逢人就说："这程序真不是吓唬人的。"

走程序就像走楼梯，虽然慢但安全；走捷径就像骑马走高速，看似快但暗藏风险。化工行业本就高危，每省一步都是在冒险。今天多走百步程序，明天少流一滴鲜血！

6.1.10　走程序不走捷径：消灭99.9％的安全事故

一位在化工厂工作了20年的老师傅曾说："我这辈子见过的安全事故，十有八九都是因为'省一步'。"所谓安全，本质上就是一场和"偷懒本能"的战争。

生活中，有人闯红灯，心里明明知道危险，但看着没车就忍不住跑两步。这和工厂里"少戴个防护面罩"、工地上"懒得系安全带"其实是同样的心理。美国安全委员会做过统计，超过80％的操作失误不是因为不懂流程，而是觉得"这次应该没事"。这种侥幸心理就像温水煮青蛙，出事只是时间问题。

山东某化工厂的爆炸事故就是典型案例。操作员发现反应釜压力异常，按流程应该先关闭阀门再通知检修。但为了赶生产进度操作员直接手动调节。结果阀门腐蚀导致泄漏，3秒内整个车间就变成了火海。事后调查发现，该员工有12年工龄，接受过38次安全培训。

青岛一家造船厂给每个工位配备了"傻瓜式检查表"，连拧螺丝都要打钩确认。有新人吐槽："太死板了吧！"结果上岗第三周按表检查时发现一个焊缝有头发丝细的裂纹，避免了千万损失。现在这张检查表被裱起来挂在车间门口。

为什么程序这么重要？美国劳工部职业安全卫生管理局（OSHA）做过跟踪调查：严格执行标准化流程的企业，事故率比同行低96％。这就像开车系安全带，可能一辈子都用不上，但关键时就能救命。日本新干线60年零死亡纪录，背后是连列车员指认信号灯都要用固定手势的严格规范。

程序不是挂在墙上的摆设。要让安全制度落地，需要三把钥匙：可视化，把流程变成看得见的步骤；傻瓜化，制定通俗易懂的操作指南；仪式化，设定像运动员赛前热身般的固定动作。深圳有家电子厂甚至给机器贴"笑脸贴纸"，绿灯时笑脸朝上，检修时翻转成哭脸，用最简单的方式解决严肃安全问题。

安全根本不是技术问题，而是习惯问题。1%的侥幸×365天＝每年3.65次冒险。把程序刻进骨子里，我们才能真正做到"零意外""零伤害"。毕竟在安全这件事上，99分和100分的差距，往往就是生与死的距离。

6.2

作业许可

6.2.1 特殊作业安全五步走：守住防线不翻车

搞危险作业就像拆炸弹，每一步都得按标准。以下拆解安全管控的"五道防线"，只要守住了，事故想钻空子都难！

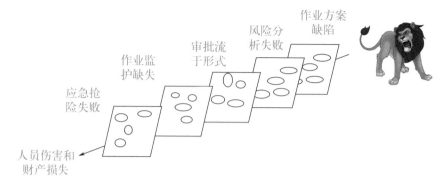

特殊作业事故奶酪图

第一道防线：量身定制施工方案。

施工方案切忌复制粘贴模板，必须到现场踩点测量，把每个细节都摸清楚。方案要像量身定做的西装，现场什么样就怎么写，写好的内容必须严格执行。例如，去年某化工厂事故，就是方案中的安全距离和现场偏差2米，引发爆炸事故。

第二道防线：风险排查"大家来找碴"。

甲方、施工方、属地管理需组成"找碴三人组"。把作业区域当作犯罪现场，细致排查风险，如阀门是否泄漏、电线是否会打火等。对排查出来的风险要像超市购物清单，逐项制定控制措施。未进行风险排查分析的作业，就像闭着眼睛走钢丝！

第三道防线：作业票就是"护身符"。

开工前必须在现场开具作业票，杜绝办公室的形式主义。作业票应明确作业范围、防护措施、责任人等内容。如某维修队觉得补办许可证麻烦，违规动火引发爆燃，厂区墙上至今留有黑印子。

第四道防线：监护人得是"火眼金睛"。

监护人不能随意指定，要选有经验、能看懂作业方案、会使用检测仪且熟知突发状况应对措施的人员。建议实行"监护人段位制"，持证上岗并定期考核，不合格者重新培训。

第五道防线：应急演练要动真格。

每月至少开展两次实战演练，救援设备要定期检查。重点演练"黄金三分钟"应急处置，确保每个工人都要会心肺复苏、会使用灭火器、会组织疏散。记住，80%的事故伤亡源于盲目施救。

特殊作业安全关键在于"较真"二字，五道防线守住了，安全才有保障。无视流程走捷径者，往往自食恶果。

6.2.2 特殊作业监护人：安全防线的"质检员"如何炼成？

检维修作业事故频发的背后，有个关键岗位总是出现在事故报告中——特殊作业监护人。这个岗位有多重要？打个比方，他们就像生产线上的质检员，若最后这道质量关卡失守，事故必将发生。

国家规范和事故案例不断强调监护人的重要性，但实际效果却不尽如人意。培养特殊作业监护人，需借鉴"质检思维"，就像QC（质量控制）体系里的检验员开展工作。

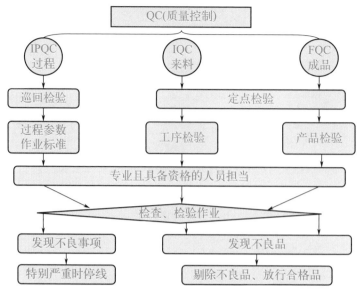

注：QC = Quality Control，质量控制

　　IPQC = Input Process Quality Control，过程质量控制

　　IQC = Incoming Quality Control，来料质量控制

　　FQC = Final Quality Control，成品质量控制

QC方法原理及流程

质检员的把关要点如下：

（1）必须持证上岗，专业能力过硬。

（2）逐项核验每道工序参数。

（3）合格产品盖章放行，不合格产品立即叫停。

特殊作业监护人应按以下标准培养：

（1）资格门槛。不能随便安排人员充数，监护人必须通过专业培训考核，既要懂工艺设备，更要精通安全规范，持证才能上岗。

（2）现场质检。监护不是站着看热闹，要像化验员检测般严谨：

● 逐项核验作业票证。

● 对照检查每项防护措施。

● 实时监测气体浓度等风险指标。

● 发现偏差立即制止。

（3）放行权限。赋予监护人"一票否决权"：

- 所有安全条件达标才能开工。
- 任何环节不合格必须退回整改。
- 严禁接受"差不多就行"的让步。

培养这样的安全质检员，需要企业采取以下措施：

（1）建立系统培训体系，涵盖理论+实操+案例。

（2）实施每季度技能复测的动态能力评估。

（3）配套与岗位津贴挂钩的考核激励机制。

总之，把监护人培养成严格的安全质检专家，才是保障检维修作业安全的根本。作业现场需要的是火眼金睛的"安全卫士"，而不是只会签字的"稻草人"。

6.3

检维修安全

6.3.1 硬屏障缺失下的安全突围：检修作业风险管控实战指南

检维修工作和生产装置日常操作有本质区别。生产运行时有硬屏障护体，像本质安全设计、自动化联锁、气体报警这些"铁闸门"时刻镇守；可到了检修现场，阀门一关、电源一断，什么联锁保护都成了摆设，这时候安全保障全靠"软功夫"。

EI公司专家给企业开展工作安全分析（JSA）内训师赋能训练

软屏障怎么保障安全？关键在于"按标准作业"。埃克森美孚（Exxonmobil）、壳牌（Shell）、雪佛龙（Chevron）和道达尔（Total）等国际石油公司的检修事故率较低，靠的就是把"按标准作业"形成肌肉记忆。其工作人员进装置内作业严谨，作业票不签齐绝不动扳手，能量隔离差半步都不行，这种严格遵循标准的劲头，才是真本事。

具体怎么落地？五大防线得筑牢：

（1）作业方案当作战地图：每项检修如同微型战役，方案需细化到每个螺栓的拆装顺序，像外科手术方案般精准。

（2）风险分析搞"扫雷"行动：JSA/JHA分析应切实执行，细致排查隐蔽风险，把"可能出事"变成"肯定没事"。

（3）票证办理当通关文牒：动火证、受限空间证这些至关重要，是安全保障，少确认一项安全措施都可能埋下隐患。

（4）安全措施做"金钟罩"：气体检测、能量隔离、应急通道等安全措施必须实打实落地，杜绝敷衍。

（5）全程监护当"电子眼"：监护人应如同"行走的监控探头"，紧盯作业点，警惕突发风险。

我在壳牌公司和马来西亚国家石油公司（Petronas）工作时，任何员工发现违章都能随时叫停，这种全员监督的文化让违章无所遁形。他们的检修现场就像精密运行的时钟，每个齿轮都严丝合缝地按规程运转。

在检修现场，遵循标准是大智慧。如某炼油厂检修中，老师傅严格按标准多花两小时做能量隔离，结果成功避免了一起高压串低压事故。

检修安全没有"绝世秘籍"，有的只是把简单的事情做到极致。当按标准作业成为条件反射，当"三思而后行"变成肌肉记忆，安全软屏障就能筑起比钢铁更坚固的安全长城。在检修作业中，规矩才是最好的"护身符"。

6.3.2　检修作业安全：别让安全措施停留在纸面上！

大家有没有发现，现在检维修现场的事故，十有八九都是因为"差不多"三个字！不是没做安全措施，就是措施没落实，或者是没有复核确认。很多时候，安全管理人员的 8 小时都在办公室里写方案、填记录、拍照片、做台账等，应付各种检查表格，哪还有时间去现场盯着盲板是不是真的堵上了，通风是不是真的彻底了，电源是不是断开了。

国际石油公司采取三次复核确认措施（3C）

国际石油公司针对重要安全措施，实行三次复核确认，作业现场建立3C（Check-Double Check-Triple Check）机制。关键硬措施如下：

（1）用盲板隔断设备，切断电源气源，而不是画在纸上的流程图。

（2）把设备里的有毒气体置换干净，杜绝检测报告上的数字游戏。

（3）把转动部件锁死并断电，不能仅挂个"禁止合闸"的牌子。

（4）确保可燃有毒气体报警器正常工作，不依赖测试记录里的勾叉。

目前面临的挑战包括：

（1）有经验的老师傅退休，年轻人只学会了填表格。

（2）安全措施沦为应付检查的道具，没人真的去现场确认。

（3）管理机制促使人员"做资料"，而不是"做安全"。

EI公司工程师开展现场措施的验证确认

事故后常总结"未落实安全措施",根源在于忽视的细节。当安全管理人员成为"资料管理员",现场确认变成了"纸上签字",事故风险大增。

建议采取以下措施:

(1)减少不必要的资料填报,让人员回归现场。

(2)建立"老带新"机制,传承实战经验。

(3)运用视频记录仪等工具,留存真实的确认过程。

安全需脚踏实地做出来,落实安全措施方能防范事故。

6.3.3　血的教训:检修作业安全记住这句话

有一则报道,一个村的沼气池出事,一家子搭进去三条人命。猪掉池子里,妈妈去救中毒了;女儿见妈妈没上来,冲下去也中毒了;邻居察觉不对查看,也栽进去了。就这么个直径两米的池子,活生生吞了三个人。

⚠ 受限空间 危险警告	
危险源:硫化氢(H_2S) 危险事件:暴露接触 原因:通风不良 后果:中毒死亡	

搞安全培训常提及两类风险：一是别让"狮子"咬你（行为安全风险），二是别被"老虎"吞了（过程安全风险）。这里重点说说怎么抓"狮子"和打"老虎"——那些看似普通却致命的检维修作业风险。

在英联邦国家，工厂检修事故很少，原因在于严格遵循程序，从写方案到交底，从审批到监护，一步不落。反观国内，常存在以下三个"致命"漏洞：

（1）方案当摆设：纸上写的和现场干的根本不是一回事。

（2）审批走过场：安全措施没落实就签字放行。

（3）监护当门神：监护人员虽在现场却不懂应急处理。

记住以下四句"救命口诀"，关键时刻能保命：

（1）行动有方案：没计划不上工。

（2）步步有确认：干完一步查一步。

（3）过程有监控：专人紧盯关键点。

（4）事后有复盘：吃过的亏不再吃。

简言之，就是按标准作业。那些觉得程序烦琐的人，想想沼气池那家人，他们当初也觉得下池子捞猪不用准备。偏离程序作业时想想：你救猪、救人的举动很感人，但以全家性命为代价，真的值吗？作业许可程序是用生命换来的，别再用血去验证了！

6.4

承包商管理

6.4.1 承包商管理乱象：管不住人的根源在这儿！

企业在管理承包商时存在诸多问题，如人员配置不合理，出现19个人承接20个项目的情况，管理难度极大。以下分析问题根源及解决措施。

1.问题出在哪儿？

（1）资质审查成摆设：承包商提交的资质文件真实性存疑，入网时个个资质材料光鲜，进场全换新手。人员专业水平参差不齐，永远猜不到来的是老师傅还是临时工。

（2）低价中标惹的祸：甲方过度压价，致使承包商利润微薄。工人为了多挣钱频繁跳槽，现场人员更换频繁。

（3）人员流动像走马灯：计划100人的团队，实际施工中人员更换率可达80%，这哪是施工队，简直是流动站！培训都赶不上换人速度，安全与质量管控困难。

2.治标又治本的绝招

（1）合同里加"紧箍咒"：在合同中明确规定，人员变动超5%直接扣款处罚。比如：

- 换人10%扣5%合同款。
- 换人15%扣10%合同款。
- 通过阶梯式处罚，约束承包商人员变动。

（2）奖惩机制要到位：设置提前完工奖，奖金比例为5%～10%！如马来西亚就有成功案例，1000万元的项目提前1个月完工，给予100万元奖金，激励承包商提高效率。

（3）老人、新手分开管：鉴于工地上清一色50岁以上的老师傅，合同里得写明：关键技术岗必须是持证老师傅担任，普通岗位采用老带新组合模式。

（4）报价不能再乱砍：别总想着低价中标，要给予承包商合理利润空间。否则承包商没利润，可能要在人工、材料上"动手脚"，最后吃亏的还是甲方。

（5）面试把关动真格：对承包商的班组长进行现场面试，杜绝简历造假。所有人员简历存档备查，发现造假直接"拉黑"！

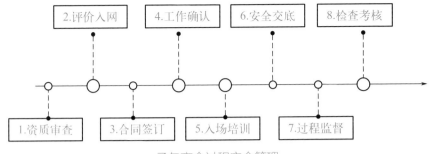

承包商全过程安全管理

3.管理重点

管理承包商就像养孩子，光立规矩不行，得让他知道疼（扣钱）和甜（奖金）！把人员流动率、施工质量、工期进度与经济利益挂钩，可保障项目顺利实施。

6.4.2 承包商的毛病：都是惯出来的！

你们知道检修作业为何总出问题吗？七成毛病都出在承包商管理上。但责任不能全归咎于施工队，甲方才是整个链条的关键所在。

甲方要是稀里糊涂，招来的承包商也容易浑水摸鱼！有些项目甲方在招标时过度压价，验收时标准又宽松，却期望承包商交出高质量成果，这种矛盾的管理方式，实则纵容了承包商的不良行为。

举个实战案例：笔者在台塑越南钢铁厂咨询服务期间，曾出现承包商违背当日签订的工作方案和改善建议的情况。马来西亚项目中，多部门耗时两周确定的HAZOP分析报告改善建议，结果因承包商一句"领导没同意"，所有成果当场报废。

日本东京地铁公司总承包的胡志明市地铁项目，现场管理井然有序。施工队每天早上7：30和下午4：50召开工具箱会议，工人们整整齐齐坐在折叠椅上。他们把进场路线规划得非常细致：工人通道、车辆动线、物料运输区用不同颜色标得清清楚楚，材料堆放整齐。安全标识、工人着装这些细节也完全按日方标准执行。

台塑越南钢铁厂HSE管理提升项目组（笔者居中位）

　　工人们平时看着挺随性的，怎么会这么守规矩？这得益于总包方的"日清会"制度，施工组每天收工前必须面对面汇报进度，问题不过夜，更关键的是管理流程设计合理，所有动线规划、物料管理细则都细化到厘米级，连工具摆放角度都有标准。管理人员不是在办公室喝茶，而是整天在现场手把手带教。

　　反观某些工地乱象，可见甲方管理水平直接决定承包商表现。有的项目在低价中标乱象下，甲方压缩成本导致施工方偷工减料，恶性循环背后可不只是承包商的问题。专业管理才是破局关键，日本对同一批越南工人的有效管理便是例证。

6.5
设备安全

6.5.1 工厂"带病硬撑"要不得：安全才是真省钱

　　"机器生病了还硬撑？要钱不要命啊！"在化工行业，这绝非开玩笑。2023年辽宁盘锦"1·15"大爆炸、2022年上海石化"6·18"

乙二醇装置炸毁、2019年河南义马爆炸等事故，损失动辄数亿元，起因都是同一个——设备带病运行！

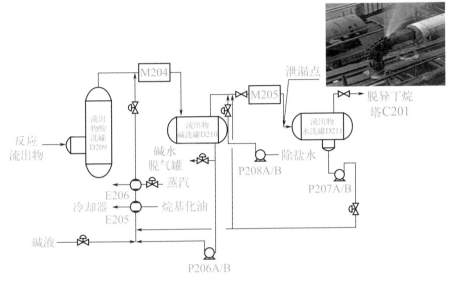

"1·15"重大爆炸着火事故中带压密封作业点工艺流程图

　　化工生产中的管道阀门就像人的血管，漏个气、渗点液（专业上叫"跑冒滴漏"）那就如同埋下定时炸弹。然而，部分企业老板算账方式不合理，认为停产检修一天亏百万元可不行！结果事故发生，直接赔进去整个厂子。

　　这并非车间主任不懂风险、生产副总没学过安全规范、监管部门查不出问题，根源是侥幸心理作祟，就像明知刹车片快磨穿了还继续行车，结果呢？往往是人财两空。

　　化工安全关键在于"零容忍"。一旦发现设备异常，触发安全红线，应立马停机。以上海石化事故为例，停产一天损失超300万元，但爆炸直接导致全厂停摆3个月，损失巨大。

　　当前国内设备"低老坏"情况严重，企业切勿让工厂带病硬撑。保障安全才能保障稳定的效益，今天省下的检修费，明天可能变成天价赔偿单，这买卖，真的不划算！

6.5.2 别让设备"带病上岗"：安全屏障全攻略

工厂安全就像打仗要守住防线，设备管理就是我们的第一道战壕！但凡出过大事故的厂子，都是因为设备防护体系破了好几个大洞。国内一些大厂事故，并非单一零件损坏，而是整个防护体系千疮百孔所致。

当前，很多厂子的设备管理缺乏系统性，检查工作零散，谁都说不清整个安全网到底牢不牢靠。这种东一榔头西一棒槌的管理，迟早引发严重问题。

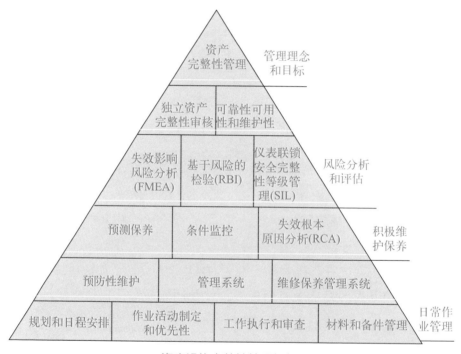

资产设施完整性管理框架

真正的设备完整性管理需系统化推进，包括定调子、画靶子、搭架子、抓关键、追闭环。

（1）定调子（方针）

- 把"设备不带病上岗"写进工厂管理准则；
- 管理层明确"宁可停产检修，绝不带病硬撑"。

（2）画靶子（目标）

- 关键设备体检合格率达100%；
- 隐患整改不过夜；
- 防护屏障无漏洞；
- 应急设备3秒响应。

（3）搭架子（策划）

- 设备户口本：对八大类设备分类建档（对应土建、工艺、消防等系统）；
- 健康标准库：每类设备有量身定制的"体检指标"，如压力容器检测壁厚、焊缝、压力值等；
- 防护作战图：标注全厂安全屏障分布，标记高风险区域。

工厂关键设备（SCE）分成八大防线，每道防线都有专属的检查要点：

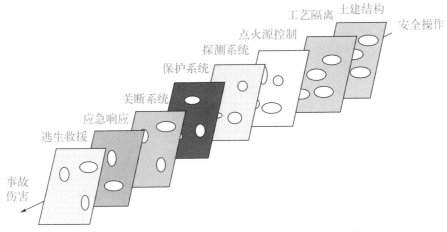

设备设施安全屏障分类（故障异常后形成"奶酪孔"）

（1）厂房地基要稳

- 检查地基有没有下沉开裂；
- 确认围堰等防泄漏设施完不完好。

（2）生产核心设备别掉链子

- 关注压力容器、储罐等大型设备；

- 重视输料管道、换热器等系统;
- 确保泄压装置等安全阀正常。

（3）严防死守点火源

- 保证防爆电器要达标;
- 确保设备接地良好;
- 使危险区域通风到位;
- 让雷电预警系统灵敏。

（4）全天候监控要睁大眼睛

- 配备气体泄漏探测器;
- 安装火灾自动报警器;
- 完善厂区安保监控网。

（5）应急保护得随叫随到

- 设有自动灭火系统;
- 构建消防水管网;
- 建造防火防爆隔离墙;
- 做好备用电源管理。

（6）紧急刹车要刹得住

- 具备紧急停车控制系统;
- 安装快速泄压装置;
- 设置关键部位应急切断阀。

（7）救命通道要畅通

- 逃生路线标识清晰;
- 应急照明随时可用;
- 配备防毒面具等个人防护装备;
- 保障内外应急通信畅通。

（8）最后防线不能破

- 移动消防器材要齐备;
- 围堰排污系统要可靠;
- 医疗急救物资要充足。

设备安全管理类似汽车保养，不能光换个轮胎就说车况好，得定期做全面检查。为关键设备建立"健康档案"，制定明确的"体检标准"，并按计划逐项过关。只有把每道防线都守住了，才能织就一张密不透风的安全防护网。

6.6

过程安全

6.6.1 海外检查启示：过程控制与标准作业

走捷径是很多企业和人员的通病。在石油化工设施的多次审核验证检查中，壳牌团队展示的体系文件和标准化作业手册令人震撼。手册没有形容词、副词，词汇朴实，采用行动语言，简洁清晰，所写、所干、所检查、所考核保持高度的权威性、统一性、一致性、规范性和时效性。

每本手册、规程和记录，都见证着二十年如一日的过程管理。当被要求查看"消防泵压力表校查记录"时，安全员能立即调出电子巡检系统，最近三次巡检记录显示，指针始终稳定在绿色区域，与现场情况高度一致，这种过程追溯能力确保了体系运行和现场管理的符合性和有效性。每次开完会议，领导都要对员工遵守公司制度程序的贡献表示感谢："感谢您守护标准！"这一定不是客套话。

> 过程决定结果！
> 过程的质量，决定结果的质量！
> 过程管理，是安全的生命管理！

有的石化企业曾因操作工擅自缩短催化剂活化时间，导致反应釜爆炸的惨剧。调查发现，现场标准作业程序（SOP）虽有好几本，却漏洞百出，当班人员不仅未按SOP操作，甚至提前三天就写好了后续数据。类似的问题部分领导疏于重视，这种失控的过程管理，就像在火药库玩打火机。

在巴斯夫路德维希港基地，标准管控与程序作业得到极致演绎。操作工更换法兰垫片时，使用特制的角度标尺，确保螺栓紧固顺序和扭矩完全符合SOP。这种对标准的严格执行，让这座运行近百年的化工城保持着行业标杆的安全记录。

也有某氯碱厂，因省去"更换电解槽垫片后需进行48小时保压测试"的标准步骤，导致氯气泄漏事故。事后发现，该厂三年内修改了17项核心SOP，每次"优化"都伴随着"差不多就行"的妥协，未对SOP进行彻底的验证闭环管理。

万华化学的蜕变值得借鉴。自2016年起推行"操作神圣化"运动，为每台设备建立数字孪生系统，操作人员执行SOP时，AR眼镜会自动比对标准动作。正是这种对标准作业的坚守，使其MDI（二苯基甲烷二异氰酸酯）装置连续安全运行突破2000天。

企业需要从"严防死守"的人海战术管理理念，升级到对"标准程序的敬畏和稳定遵守"的管理模式。过程管控的实质是建立"防呆""防错"机制，以稳定的标准程序对抗人的不稳定性。任何一步偏离程序的做法都进行不下去，异常状况藏不住，偏离标准改不了。这需要将标准作业融入每个环节，从分布式控制（DCS）系统参数锁定到作业许可证电子审批，从三维激光巡检到智能工器具管理，用标准程序筑牢安全防线。

6.6.2　工厂安全生产信息管理：规避信息管理误区

过程安全信息资料是基础性的管理要素，它和操作规程、变更管理、教育培训、事故事件管理及设备完好性管理密切相关，是众多安全管理要素的根基。

工厂检维修、开停车、异常处置等工作，都会用到安全信息资料、生产操作资料，因此，对工厂来说，安全生产信息（PSI）是非常重要的资料。

PSI主要包括：

（1）化学品物质危险性相关的资料，即MSDS（化学品安全技术说明书)，或SDS（安全数据表）；

（2）工艺技术资料（Process Technology）；

（3）设备设施相关的信息资料（Process Equipment Facilities）。

很多工厂就是因为信息错误、沟通不畅、没有准确地提供相关技术资料而引发安全事故。比如，2010年中石油大连国际储运公司添加化学药剂时发生严重事故，原因之一是对双氧水危险性认识不清楚。英国某工厂改造时，原有5台泵，后来要扩能改造增加1台泵，因为工厂的位置距离不足，就把6#泵放在了3#泵和4#泵中间，设备设施挂牌是按1-2-3-6-4-5的顺序。有一天5#泵出了故障工人要检修，工人误把4#泵当作5#泵，也未进行生产核实和检修交接，导致现场检修的过程中发生火灾爆炸，3人当场死亡。

设备布置变更信息模糊

从这些事故案例可以看出PSI这个要素非常重要，那么怎么样保证PSI的准确性、完整性和可用性呢？

壳牌公司曾经投入数千万美元专门来梳理、修订和更新工艺安全信息资料，可见其对工艺安全信息资料管理的重视。

6.6.3　从事故教训到风险防控：化工安全管理的30年进化史

说起化工厂的安全管理，大家可能首先想到密密麻麻的操作规程和刺鼻的气味。但你知道吗？如今全球通用的化工过程安全管理体系（PSM），其实是用无数惨痛事故换来的经验结晶。

二十世纪八九十年代，美国接连发生多起重大化工事故。爆炸和泄漏事件频发，促使政府出手。在1992年诞生了首部PSM法规——OSHA CFR 1910.119。随后，美国石油协会（API）750标准、化工过程安全中心（CCPS）技术指南陆续出台，为企业构建"安全防护网"。

真正的转折出现在2007年。CCPS整合前15年经验，推出划时代的《基于风险的过程安全管理》，把原来的14项要求升级为20项防控体系。这次升级有两大创新：一是引入基于风险（Risk-Based）的概念，就像给工厂做"CT扫描"，提前发现问题并且要根据风险等级区分对待；二是首创安全管理KPI指标，为每个环节配备可测量的"安全体温计"。

欧洲也积极行动。英国能源协会2010年发布的《过程安全管理高级指南》，把纸上制度变成了可操作的"安全说明书"，不仅细化了20项要素操作流程，还提供现成的表单模板，供企业直接使用。这套指南成为欧洲化工界的"安全圣经"。

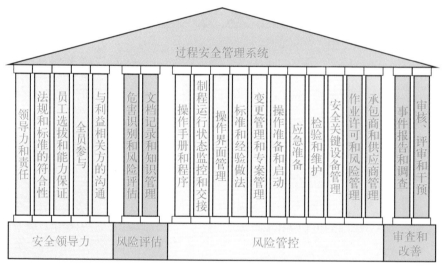

英国能源协会的过程安全管理高级指南

我国的安全之路同样扎实。2010年首个《化工企业工艺安全管理实施导则》发布，到2022年升级版的《化工过程安全管理导则》，20项要素对标国际标准，融合多年安全生产良好实践经验，应急管理部88号文更强化制度执行力。

如今的化工安全管理早已不是简单的"禁止烟火""戴好安全帽"。从领导力建设到风险量化评估，从完好性管理到持续改进，这套融合30年国际经验的管理体系，正在为每座化工厂构筑隐形防护盾。正如安全专家所言：优质的安全管理，是看得见的制度、摸得着的细节、感受得到的安心。

6.6.4　工厂报警分级管理：三分钟掌握关键保命技能

小李刚进厂就遇到困扰：中控室报警器整天响个不停，而师傅们却像没听见似的。直到某天设备突然停机，厂长发火："这个关键报警响了三天都没人处理！"其实这就是典型的报警管理失效案例。

1.报警管理常见的"坑"

（1）报警泛滥：全厂3000多个报警点，每月触发上万次，员工早就麻木。

（2）"狼来了"现象：90%的报警不需要立即处理，致使真正的危险信号被忽视。

（3）响应混乱：新员工分不清哪些报警要立刻处理，哪些可以等交班时处理。

2.报警分级管理的必要性

化工厂的事故敲响警钟：2018年某石化企业因未及时处理压力报警，导致装置爆炸。报警分级管理就是要把"救火队"变成"预警机"：

（1）确保最危险的报警第一时间被关注。

（2）合理分配人力，明确处理优先级。

（3）防止无效报警干扰正常操作。

（4）满足应急管理部的强制要求。

3.分级管理的方法

采用国际通用的风险矩阵法，为报警分类：

风险矩阵表

响应时间等级	后果		
	轻微（1级）	中等（2级）	严重（3级）
紧急（1级）	B	A	A
常规（2级）	C	B	B
宽松（3级）	C	C	B

- A级（红色警报）：3秒内必须确认，就像ICU的心电监护仪。

案例：反应釜温度超过安全值，可能引发爆炸。

- B级（黄色预警）：5分钟内处理，类似汽车油表报警。

案例：泵房压力异常但有调节余量。

- C级（蓝色提醒）：30分钟内记录即可，好比办公室空调温度提示。

案例：储罐液位正常波动。

6.6.5 化工厂安全吗？看完这七道防线便知

说到化工厂安全，很多人可能会担心。但你知道吗？现代化工厂就像套了七层"金钟罩"，构建起坚固的安全屏障。

第一层：本质安全设计。就拿化学品罐区来说，工程师们从设计阶段就开始布局安全。防火隔堤的建造按国家规范执行，对油罐区进行分区隔离防护，从源头就把危险系数降到最低。

第二层：智能无人操作。很多的化工厂罐区早就不是人工操作了，从进料、出料到中间泵站，全流程自动化运行。系统运行稳定，24小时精准控制，出错概率极低。

第三层：警报+人工响应。就算工艺和设备偶尔"闹脾气"，智能报警系统会迅速响应。中控室专业人员三班值守，30秒内就能锁定问题位置。

第四层：自动联锁保护。若真遇上误操作（当然概率极低），联锁保护系统立马顶上。储罐液位超标自动关阀，泵压异常立即停机，这套"自动驾驶"系统可比人的反应快多了。

第五层：泄漏火灾预警。要是前几关都闯过了，遍布厂区的气体探测仪和火灾探测仪也不是摆设。哪怕有丁点油气泄漏，5秒内就能触发警报，灵敏程度极高。

第六层：物理防护体系。发生物料泄漏时，2米高的防渗围堰能把泄漏物牢牢锁在罐区。防火涂层和防爆墙体更是进一步限制火焰蔓延，保障安全。

第七层：终极应急保障。专业消防队驻厂待命，智能泡沫灭火系统、高压水炮随时可用。定期演练确保应急流程高效，从报警到扑灭初级火灾，整个流程不超过3分钟。

那为什么还有事故发生？问题往往出在三方面：设计偷工减料、员工违规操作、设备"带病上岗"。

工厂安全的三大基本原则

做到安全"三字诀"：设计不将就、操作不随意、维护不偷懒。把每层防护都做到位，化工厂的安全系数将极高，毕竟，很少有地方能像化工厂这样具备七重保险。

6.6.6　为什么企业总在变更管理上栽跟头？

你知道吗？工厂里60%～80%的事故与"变更"有关。河北石家庄化工厂2012年的爆炸事故，直接原因是擅自改变生产原料和导热油系统温度，且没有进行安全评估，致25人死亡。连云港聚鑫生物科技有限公司2017年爆炸，事故原因是变更管理流程不到位，存在工艺上的变更没有充分评估风险的情况，导致10人死亡。江苏响水天嘉宜化工的2019年爆炸事故，原因是长期违法储存硝化废料，涉及变更管理的问题，如储存方式的变更没有经过审批，导致自燃爆炸。

企业明明是为了改进才做调整，结果却频频引发事故。这个让无数企业头疼的变更管理，到底难在哪里？以下剖析变更管理最常见的两个"深坑"。

1.风险评估总在"走过场"

变更最要命的不是改了什么，而是未考量改完后整个系统要承担的风险。就像医生给病人换药，结果不顾对其他器官的影响。工艺调整、设备更新这些变更，本质上改变了原有系统的"安全参数"，但很多企业只盯着变更点本身做评估。例如更换阀门，却忽略整个管道系统的承压变化，这就是典型的一叶障目。

2.执行过程失控

本来计划改A部件，却发现B部件也得动，变更范围越来越大。更可怕的是图纸没更新、操作人员没培训、施工队按老方案施工，这些执行漏洞就像定时炸弹。某化工厂设备改造后未更新操作手册，新来的员工按老流程操作，引发泄漏事故。

变更管理就是个"牵一发而动全身"的技术活。它与工艺安全、设备管理、人员培训等十多个管理要素都挂钩，稍有不慎就掉链子。企业要想避开这两个深坑，需建立完整的变更管控流程，从方案设计到验收投产全程把控，毕竟安全生产细节决定成败。

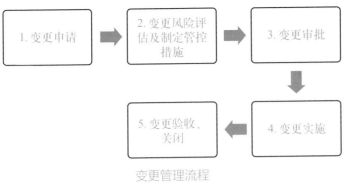

变更管理流程

6.6.7 操作限值：工程师的"安全边界"难题

提到操作限值，让工程师困扰不已，连技术专家们也倍感棘手。到底该怎么对其分级管理？

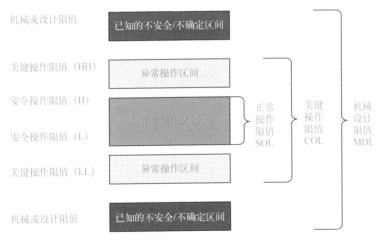

操作限值（Operating Limit）分级

第一道防线：黄金操作区（POL）。就像炒菜有最佳火候，生产也有"黄金操作区"。这是工艺包开发时通过大量试验总结出来的舒适区，当温度、压力、流量等参数在这个范围内运行时，产品质量、经济效益、能耗控制都能达到最佳状态。部分工厂还会在这个区间设定"目标值"，相当于导航的推荐路线，确保生产始终跑在最优路径上。

第二道防线：安全警戒线（SOL）。当参数跑出黄金操作区，碰到这条橙色警戒线就该警惕了。比如反应釜温度超过安全操作上限，就像汽车仪表盘亮起黄灯，提示可能存在安全风险。这时候操作员应立即介入调整，相当于给工艺过程踩个"点刹"，把参数拉回安全区。

第三道防线：红色警报线（COL）。如果参数继续恶化触碰到这条红线，相当于工艺系统开始"发高烧"，二级报警和联锁动作可能会被触发。如某化工厂反应压力超标触发COL，值班工程师立即启动紧急冷却系统，避免了一起泄漏事故。

第四道防线：设计安全红线（MDL）。这是设备设计的物理极限，就像桥梁的最大承重。比如压力容器的设计压力、储罐的容量上限等，一旦突破，轻则设备损毁，重则引发灾难性事故。某炼油厂曾因液位超过储罐MDL，导致罐体破裂，这个教训被纳入安全培训案例。

分级管理就像给工艺参数套上四层防护网：POL管效益，SOL守安全，COL拉警报，MDL保底线。明晰这些限值的"段位"，在工业生产中，对风险精准判断，才是真正的安全之道。

6.6.8 专业人干专业事，化工安全才靠谱

在化工行业，专业人才是保障安全的基石。化工装置从设计图纸上的每一个数据，到现场运转的设备，再到那些24小时盯着的报警器，哪样不需要真本事？

工艺流程图不是随意绘制，联锁控制逻辑不能随便更改，防爆电气选型更是精确到字母。更别说那些有毒气体报警、紧急切断系统，这些环节若交给非专业人员负责，跟定时炸弹有什么区别？

从实际情况来看，国内外化工安全管理存在差距，关键在于"专业"二字。国外工程师将安全视为严谨的技术工作，而国内部分企业却总想着靠运气。"三必管"原则——管生产必须管安全、管业务必须管安全、管行业必须管安全，说着容易落实难。原因在于，既缺乏

懂技术的安全员，更缺少懂安全的技术员。

　　实际工作中，我见过太多惨痛教训。工艺员若不掌握HAZOP分析，设备员若不会计算腐蚀余量，仪表工若搞不定SIL认证，都会给安全带来隐患。这不是员工不努力，而是专业培养出现断层。要实现本质安全，就需让专业的人做专业的事。工艺安全应由工艺专家负责，设备完整性需机械专业人员把关，控制系统由仪表专业高手坐镇。只有各个岗位都守住专业底线，化工企业的安全大厦才立得稳。

第七章

检查考核：
安全监督与评价

7.1

别总让工人"背锅"：管理漏洞更致命

2003年重庆市"12·23"天然气井喷事故的背后是操作手册的致命漏洞——起钻时应按规定灌注钻井液，但规程里既没写清楚具体用量，也没说明间隔时间。工人按模糊指示操作，隐患已经埋下。

类似的情况经常发生：班长要求将阀门从1兆帕缓慢升到10兆帕，然而"缓慢"缺乏量化标准，每分钟升多少，分几次完成，这些关键指标在规程里统统是空白。就像让新司机开车却不给油门刻度，不出事才是奇迹。

2010年BP墨西哥湾漏油事件震惊世界。事后调查发现，工人接受的防喷器操作培训不到4小时，而操作设备说明书达500多页。这好比让刚考完科目二的新手直接开重型卡车。

> 事故大都是预见不足、缺乏分析，差不多所有的问题，都是管理缺失造成的，而决不是由某特定的人不遵守某个规则或做错某事。管理责任优先于个人追责。
> ——基于约瑟夫·M.朱兰观点
>
> They're nearly always characterized by lack of forethought, lack of analysis, and nearly always the problem comes down to poor management. It's not just due to one particular person not following a procedure or doing something wrong.

在事故通报中，常看到"工人违章操作"表述，却往往选择性忽略以下问题：

（1）规程像天书：某化工厂"反应釜操作手册"写着"适当升温"，新员工将50℃理解为直接调到200℃，引发爆炸。

（2）培训走过场：建筑工地"三级安全教育"常沦为签字游戏，工人连防护用品都无法正确佩戴。

（3）监督成摆设：某电厂"必须两人确认阀门状态"规定，实际操作中常变成代签确认单。

要打破这一恶性循环必须做到：

（1）规章精准量化：操作规程必须量化到具体数值，如升压速率≤5兆帕/分钟。

（2）培训要实战化：借鉴航空公司经验，利用模拟舱训练员工应对200种突发状况，经考核合格才能上岗。

（3）监督要智能＋人工：某炼油厂为关键阀门加装电子锁，需扫描操作证且系统确认参数合规才能开启。

（4）建立容错机制：参照核电站的"三向通信"模式，发令人、复诵人、确认人形成闭环，说错立即纠正且不追责。

安全不是墙上的标语，而是制度基因。当质疑工人操作失误时，更应反思：操作规程能让所有人看懂吗？培训能经得起突发考验吗？监督体系真的在起作用吗？毕竟，以漏洞百出的管理制度考验人性，本就是最大安全隐患。

7.2 操作规程写不清：出了事故谁"背锅"？

在安全生产领域，工人的法律意识日益增强。此前在台湾，我亲眼见过一个典型案例，为所有企业敲响警钟。

当时，一家化工厂发生安全事故，管理层将责任归咎于当班工人，对其进行处分，要求赔偿100万台币并予以开除。工人深感委屈，聘请了律师团队把公司告上法庭，其起诉理由理直气壮："我根本没违章！"

多缓慢才算缓慢？
我们来打官司

法庭上，法官邀请两位行业专家做证，焦点集中在操作规程中"渣油加氢脱硫装置在开车期间缓慢升压"上。结果令人惊讶：一位专家称该公司升压到100公斤压力（9.8兆帕）需15分钟，另一位专家却认为只需6～7分钟，更关键的是，公司自己的操作规程压根没写清楚"缓慢"的具体标准。

最终，判决结果大反转。法院认定公司制度存在漏洞，工人胜诉，企业反倒需赔偿500万台币。这一案例说明，模棱两可的操作规程简直就是定时炸弹。

很多企业的安全规程存在明显问题：要么写得像散文暧昧不清，要么用词玄乎、表述模糊。这种不明确的制度，本质上是给工人"挖坑"——出事后指责工人违章，却连标准都说不清，让工人如何担责？

此案子警示所有企业：应立即把那些"加强""严格""可能""大概""适当""些许""逐步""及时""到位"之类的糊涂话从操作规程中剔除。如今工人法律意识提升，规章制度要是再写不明白，下次在被告席上的，或许就是企业自己了。

7.3

从忘记关阀门到挂牌上锁：我们离真正的安全还差几步？

在安全生产领域，"低级错误"屡见不鲜。虽普通人难有机会参与发射导弹这种高端操作，但诸如走路崴脚、工人违章等情况，几乎没有工厂能保证绝对不发生。某化工厂检修时，工人为图省事没关紧原料阀门，残留气体遇火花，直接炸飞半个车间。这种"忘记关阀门"的情况，在事故报告中常见着。还有更离谱的，某电厂维修工带电操作不挂警示牌，被同事误送电，当场触电身亡，背后不过是少做了"挂牌、上锁"两个关键动作。

每次查看事故报告都令人脊背发凉：工人操作不规范、检查走过场、培训当摆设、设备带病上岗等。就像某工地，安全员发现高空作业人员没系安全带，却只口头提醒没叫停整改，当天下午就有人从钢架上摔成重伤。这些问题就像打地鼠似的，刚解决又冒头。

> # 不走捷径
> # 按程序作业
> # 防范低级错误
> ## No shortcuts, no cuts.

反观优秀的企业事故率低的关键就五个字：按标准作业。他们的工人严格遵守规章制度，流程表单如实填写，操作标准坚决执行。对比之下，国内一些企业总爱抄近道、绕小路，结果就是自己给自己挖坑。国内检修作业事故频发，这类事故在国外却很少登上头条。以下是导致低级错误不断的根源：

病根一：侥幸心理作祟。

"就少拧两圈螺丝""就这次不戴护具""就图快省个步骤"，诸多事故都因这些"就"字。老工人凭经验跳过检查流程，新员工见师傅违规跟着学，把安全规范当耳边风。

病根二：管理脱节成常态。

企业墙上挂满ISO认证文件，柜里塞着多套应急预案，可到了检修现场，作业许可单随意签、风险分析表代笔填。制度与执行、检查与考核相互脱节。

病根三：责任链条"打太极"。

安全员觉得发了整改通知就算尽责，班组长认为上报设备缺陷便无责任，管理层看着层层签订的责任状自我满足。真出了事，责任相互推诿。如去年某厂机械伤害案，追责时竟扯出7个"相关责任人"互相推诿。

根治低级错误得下"猛药"：

（1）把纸面制度变成肌肉记忆。关键操作设置"强制确认程序"，就像飞行员起飞前必须念检查单，少念一句警报就响。

（2）让隐患无处遁形。借鉴日本"指差确认"法，手指阀门喊

"已关闭"，眼睛看挂牌喊"已上锁"，将无形操作转化为可见安全动作。

（3）用技术锁死退路。为高危设备加装智能联锁装置，类似汽车不系安全带无法加油门，防护措施不到位设备直接断电。

安全生产不能仅靠口号，需切实做好两件事：一是让规章制度落地执行，二是明确各岗位安全责任。毕竟，再好的安全程序不落实都是空谈；再严的监管措施不执行都是摆设。

7.4
安全管得好不好，用KPI数据说话

"If you can't measure it, you can't manage it"

Peter Drucker

如果你不能衡量，你就不能管理。

彼得德鲁克

在安全工作领域，工作人员日常忙碌，但汇报时就犯愁。被问及培训完成率多少？隐患排查整改率多少？承包商合规率多少？十个问题九个答不上具体数字，只能以"总体情况良好"敷衍。这使得老板难以了解工作实际成效，心里指不定在想：你们这一天天的到底在忙活什么？

为何非得搞KPI？就像学生不能光说"我努力了"，得拿出考试成绩单，安全管理的KPI就是这张成绩单。某化工企业就吃过亏，声称隐患排查率90%，但审计后发现实际才58%，这种虚报就是因为没建立可追溯的量化体系。

现在很多领导还停留在"不出事=管得好"的简单观念，这跟用彩票中奖率评价理财能力有什么区别？安全管理工作得让老板看见过程值钱在哪儿。例如，年初风险评估完好率65%，通过季度KPI追踪，年底提升至88%，这23%的提升体现了工作团队的价值！

汇报工作时，应摒弃"加强承包商管理"这类笼统表述，直接把数据展示出来："王总，承包商安全措施落实率从Q1的72%提升到Q4的91%，违规次数同比下降43%。"这时候都不用你自夸，数字自己会说话！

搞安全不是玄学，KPI就是防弹衣。既能在出事故时证明履职到位，又能让进步看得见。在老板眼里，能量化的努力才是真功夫，可测量的进步才具有实际价值。

7.5

蔑视程序的人，是企业安全的敌人

德胜洋楼公司创始人聂圣哲先生有句名言：蔑视程序的人永远是德胜的敌人。德胜公司的成功，离不开对"程序"的极致追求。在建筑行业，一个螺丝钉的位置偏差、一次不按流程的施工，都可能引发连锁问题。公司创始人聂圣哲先生反复强调：蔑视程序的人，就是企业的敌人。

> 蔑视程序的人，是公司的敌人
> 认真做事，就是按程序做事

为什么程序如此重要？

（1）质量保障：比如贴瓷砖时，必须严格遵循操作步骤，否则看似"差不多"的细节，最终可能导致墙面开裂甚至返工。

（2）效率提升：德胜成立"程序运转中心"，安排专人监督流程执行，避免随意决策带来的混乱。例如，对工地每日巡视时间、工具使用规范等均有详细规定，确保每一步可追溯。

（3）杜绝腐败：按程序办事减少了人为干预的空间，员工无法通过"走捷径"谋取私利，公司也因此建立起透明公正的文化氛围。

真实案例警示：

（1）曾有员工偷换地板以次充好，引发质量问题，公司直接终止合作。

（2）跳伞运动员若漏掉"800米开伞"这一程序，后果不堪设想。

同理，企业忽略关键步骤必酿大错。

德胜的管理哲学很简单："认真做事就是按程序做事"。哪怕结果看似成功，若过程违规，也不算真正的成功。公司甚至规定"马桶使用流程"，用极致细节培养员工的程序意识。

德胜公司对员工的要求更直接：

（1）高级管理者必须下一线，脱离实际者无权指挥；

（2）发现违规者，立即清除，绝不姑息；

（3）鼓励员工互相监督，用制度而非人情维系团队。

企业长青的秘诀，不是宏大的战略，而是把每一件小事做到极致。程序不是束缚，而是护航企业稳定前行的指南针。

7.6 盯紧流程不跑偏：程序中心这样当"监工"

德胜公司的程序运转中心，就像企业的"流程警察"，专门整治各种偷工减料和马虎大意的行为。这个部门成立10年，用一套"笨办法"让全公司严格按规矩办事。

1.监督三板斧，招招见实效

（1）每日查岗，不留死角。

- 早上查收全国工地传真、邮件，追踪工程进度；
- 下午4点电话"突袭"管理层，确认次日工作计划；
- 逢周五发放下周任务清单，提前为所有人"划重点"。

（2）信息透明，全员盯梢。

- 利用微信群、公告栏实时同步消息，杜绝"领导才知道"的

暗箱操作;

- 公开公司车辆动向，找人只需查看公告，避免因手机没电而失联。

（3）较真细节，死磕过程。

- 从规定"马桶使用流程"这类小事入手，培养员工程序意识;
- 以"跳伞漏一步开伞就出事，企业漏一步流程就返工"等真实案例敲警钟。

2.监督不是"找碴"，而是帮企业"排雷"

（1）发现瓷砖贴歪，立刻停工，主管现场示范正确操作;

（2）员工偷换地板以次充好，直接终止合作，绝不留情;

（3）定期更新制度"打补丁"，像升级手机系统一样堵塞漏洞。

3.效果看得见

（1）10年申请1000多项专利，创新来自极致流程;

（2）工地质量投诉下降70%，"过程合格比结果重要"成为共识。

德胜公司程序中心负责人说得好:"监督不是添乱，是把'你以为'变成'按规定'。"企业要长青，靠的不是老板的突发奇想，而是每个人老老实实遵循流程。

7.7
安全人员硬气起来：别让领导随意指挥

辽宁盘锦、山东聊城、内蒙古接连发生的三起重大事故，暴露了化工行业亟待解决的共性问题。这三起事故都发生在生产装置动态作业阶段，要么是检维修期间，要么是异常处置过程中，现场人员聚集的情况尤其值得警惕。专家们提了不少建议，但真正能治本的措施主要有两条：

第一关：图纸纪律必须硬起来。

现在企业普遍存在"图纸荒"现象：生产车间有几个技术员能说清PID图纸（工艺管道仪表流程图）？设备检修时有没有人对照设备布置图操作？异常处置时技术团队是不是摊开配管仪表图研究？现实是，现场一有动静，十几号人便围过去，三个工人干活，七八个领导指手画脚。真正懂行的领导应该像打仗的指挥官，在指挥部（办公室）展开图纸就能运筹帷幄，而不是撸起袖子冲到一线充当"救火队长"。

第二关：专业脊梁不能弯。

现在安全生产陷入双重困境：一方面，专业人员不敢发声。设备、工艺、机电仪等各领域技术骨干，包括安全管理干部，面对领导决策时常常欲言又止。另一方面，某些管理者存在认知错位——职位高并不等同于专业强。事故调查显示，80%的操作失误都源于管理者无视专业意见的"拍脑袋决策"。

说到底，破解安全生产困局需从两方面着手：让技术图纸等专业信息成为现场管理的"作战地图"，让专业意见成为管理决策的"定海神针"。这既需要基层重拾"按图索骥"的基本功，更需要管理者建立"让专业人做专业事"的决策机制。

7.8

安全不是靠蛮干：学习军队的"作战式"管理

在行业内，多数事故源于低级错误、人为疏忽与管理漏洞。大家知道军队如何打仗吗？他们的作战流程非常严谨——先在指挥部反复推演作战方案，派出侦察兵摸清敌情，再用无人机等科技手段辅助，最后精准出击。

反观很多作业现场，一群人撸起袖子就往前冲，围在现场比谁嗓门大、比谁经验多。检修作业更是如此，这种粗放模式必须改变。所有现场作业，尤其是带压、带料的危险操作，需在办公室完成以下三步：

（1）团队集体研究PID图纸；

（2）制定详细作业方案；

（3）预判所有异常情况及应对措施。

特别强调两条铁律：

（1）不看图纸的指挥人员，立即撤换。

（2）不研究设备原理的技术人员，禁止上岗。

企业要想实现安全运行，需建立军事化执行纪律：管理制度是根本，技术图纸是准则，标准化流程是保障。胜兵先胜而后求战，败兵先战而后求胜，不打无准备、无把握的仗。每一次成功的检修，都是办公室里先打赢的"战争"。

第八章

改进提升：
安全管理的
反思与优化

8.1

一张乌龟图：搞定管理工作

对于管理岗位人员而言，想让管理工作真正落地见效，关键在于运用过程方法（Process Approach）中的"乌龟图"工具。不管是设备管理、安全管理还是战略管理，只要按以下9个要素来，保准你的工作条理清晰、执行到位。

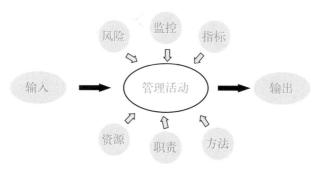

ISO 9001过程方法原理

第一要素：任务清单（输入）。

开展工作前先搞明白必须做什么。就像做饭得先备菜，管理工作要梳理国家强制标准、公司硬性规定有哪些，比如GB 30871、GB/T 50493等国家标准，避免检查时被专家"挑刺儿"。

第二要素：交付成果（输出）。

工作完成了得交作业。管理制度要配套表格模板，安全检查要有记录台账，会议讨论需形成纪要。就像厨师炒完菜要摆盘，管理工作的成果需规范呈现。

第三要素：粮草先行（资源）。

人力、设备、信息系统等资源需提前筹备。很多工作推不动，八成是资源没到位。比如防爆设备维护，没专业工具怎么行？

第四要素：责任到人（分工）。

防爆管理从采购到维护涉及七八个部门。每个环节都得明确责任人！就像足球比赛，前锋、后卫各司其职，不能都挤在球门前。

第五要素：操作手册（流程方法）。

HAZOP分析怎么做？JSA评估什么流程？这些专业工具就像导航地图，照着标准流程走才不会迷路。变更管理更要步步为营，该走的审批流程一个都不能少。

第六要素：过程监控（跟踪）。

日报、周报不是形式主义，而是方向盘。管理层每周查看进度，及时纠正偏差，就像开车要看仪表盘，管理工作也得时刻掌握动态。

第七要素：成绩单（考核指标）。

工作成效要可量化。设备完好率、隐患整改率等硬指标，既是工作成绩证明，也为改进指明方向。

第八要素：风险雷达（不确定性）。

提前识别潜在风险环节。就像依据天气预报带伞，把可能的风险点和改进机遇都标记出来。

第九要素：升级攻略（改进机会）。

工作中发现的优化空间，是后续改进的依据。比如发现检查表设计不合理，马上记下来并改进。

实操建议：把每个管理事项都绘制成乌龟图张贴。左边注明输入要求，右边列出交付成果，上方标注资源支持，下方确定考核指标，中间填写流程方法。这样就可以时刻提醒，保证工作不跑偏。

记住乌龟图管理法，管它设备、安全还是承包商管理，通通都能安排有序。面对专家来检查，凭借乌龟图展现专业水准。

8.2

文件会议检查多，张居正怎么说？

大家注意到没有？如今的法规标准、文件、会议、检查数量繁多。

赢在执行力

500多年前，张居正说过一句话："盖天下之事不难于立法，而难于法之必行；不难于听言，而难于言之必效。"

张居正作为明朝改革派代表人物，这话直接指出当时官场的两大弊病：重形式轻实质，重言论轻行动。即只做表面功夫，不干实事，嘴巴上说得漂亮，但就是不行动。他的核心思想在于反对形式主义，追求以实效治国。

他极力倡导"法之必行"与"言之必效""定了规矩就必须执行""说了话就得算数"，其实就是想引领明朝走出整天喊口号、遇事推诿的不良风气，回到干实事的正轨上。

这话在当下照样管用。不管是国家、企业还是个人，制定目标并非难事，制定标准和目标只是起点，持之以恒地落实才是关键。

8.3

安全落地双驱动：技术打底子，管理抓长效

企业安全管理工作要切实落地，仅了解技术规范可不够，还需掌握管理方法。这就好比盖房子，技术是钢筋水泥，管理是施工图纸，

二者缺一不可。

技术基础要打牢。像GB/T 50493、GB 50160、GB 30871等国家标准，构成"安全地基"。它们对气体监测、设备防爆、作业管理等作出具体规定，如同安全工作的"操作说明书"。

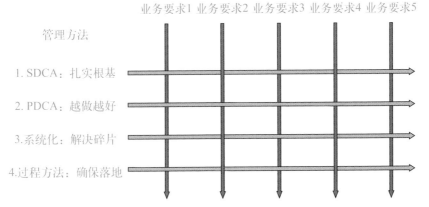

安全管理需要安全技术和管理方法的有效融合

但单靠技术规范能否确保安全落地？现实告诉我们，这还远远不够。就像建房子仅有建材不够，关键在于科学的施工方法。以下四大安全管理方法需运用起来：

（1）SDCA标准化：把安全操作变成固定流程，就像给每个工序制定标准作业卡。

（2）PDCA闭环管理：从计划到改进形成完整循环，杜绝"查完就忘，改完又犯"。

（3）系统思维：用360°全面视角、结构化和流程化的思维考虑问题，防止"盲人摸象"式片面看待和认识问题。

（4）过程管控：像抓生产线质量一样盯紧每个安全环节。

当前企业普遍面临"纵横融合"难题：纵向部门各自为战，横向流程衔接不畅。打通这些堵点需双管齐下：

（1）纵向建立"技术-管理"直通车，使规范要求直达操作层。

（2）横向运用PDCA织密防护网，将隐患排查、整改、验收串联成闭环。

实现"人人次次安全"无捷径可走，需经过系统训练：既要吃透技术标准这本"安全字典"，又要练好管理方法这套"组合拳"。唯有技术与管理双轮驱动，才能让安全从纸面规定变为日常习惯，从突击检查转为长效保障，也为企业培育真正的"管理专家"乃至"管理大师"奠定基础。

8.4
从车间饭盒看管理门道：班组"四大法宝"

10多年前，在企业安全检查中，我们经历了一场特别的"安全检查"。在生产车间压缩机透平设备上，一个被随意放置的饭盒引起了注意。当我们指出这是危险场所违规存放物品时，企业领导当场表态整改。然而，几个月后回访，那个不锈钢饭盒又悄然回到原处。

笔者在某企业检查氢气压缩机现场所发现的饭盒

制度堆积如山，却管不住一个饭盒。这个"打不死的小强"现象，暴露了基层管理的顽疾：如何让生产一线的"一亩三分地"真正管得住、管得久？我们推广的OBC操作基本关怀（国内称班组管理）给出了答案。这套源自欧美且适用于国内企业的管理方法，通过四个关键动作筑牢安全防线：

第一招：结构化巡检三步走。

就像老中医"望闻问切"，为设备定制"体检套餐"。操作工每天按规定流程，从压力表指针到设备异响，运用"听诊器＋放大镜"模式，全面检查工艺设备。

第二招：关键指标预警系统。

给工艺和设备关键指标安装"体温计"，借助实时数据监测绘制"健康曲线"。就像监测血压波动，提前察觉喘振、泄漏等"亚健康"状况，将故障扼杀在萌芽状态。

第三招：网格化"责任田"。

把车间划分成小块责任区，每个区域如同员工的"自留地"。从工具摆放到警示标识，从地面油渍到设备积灰，让每个员工都成为"田间管理员"。

第四招：隐患歼灭战清单。

整理出班组可自主解决的30项"小毛病"清单，如"巡检必查十不准""随手消除五隐患"等，并配上处置流程图，员工遇到问题就像查字典，见招拆招。

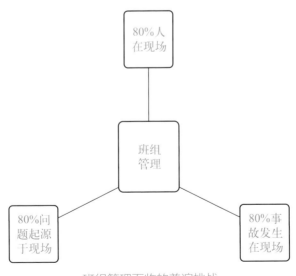

班组管理面临的普遍挑战

这套方法在多家企业成效显著：某石化企业试点后，同类隐患重复发生率下降73%；某制造工厂设备非停次数锐减82%。更重要的是，员工从"要我管"转变为"我要管"，自主管理意识大幅提升，车间再没出现"流浪饭盒"。

实践证明，安全管理不能仅靠上级督促，只有激活每个班组的"免疫细胞"，让基层扛起责任，才能织就密不透风的安全防护网。若管理者还在为"打游击""不稳定""不受控""不放心"的问题头疼，不妨运用这"四大法宝"。

8.5

连问五个为什么：轻松找到问题根源

在企业管理中，5Why分析法就是神器！它能像侦探破案一样，通过连续追问五个"为什么"，直击问题根源。

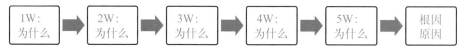

5Why分析的思维逻辑

某工厂泵区突然漏油，常规处理就是擦干净地面。但用5Why分析法，工程师们进行了如下深挖：

（1）为什么会漏油？（第1问）

→ 发现是泵的密封装置坏了。

（2）密封装置为什么会坏？（第2问）

→ 拆开发现垫片质量不合格。

（3）垫片为什么质量差？（第3问）

→ 追查到采购环节出问题。

（4）采购哪里没做好？（第4问）

→ 原来是新供应商提供的垫片未进行入厂检测。

（5）为什么没检测？（第5问）

→ 根源在于质量监督部岗位职责不明确。

可见，原本以为是简单漏油，结果发现是管理制度的漏洞。就像剥洋葱一样，一层层揭开表面现象，最终找到真正的"病根"。

这个方法妙就妙在：不满足于问题的表面现象和答案，而是像侦探查案般追踪线索。实际操作中可能需要3～7次追问，关键在于持续追问，直至挖掘出系统性问题（比如制度、流程方面的问题）。当再遇到问题时，不妨试试这个"灵魂五连问"，有助于让问题的本质"现出原形"！

8.6

用好SMART方法：让安全目标看得见、管得住、落得实

SMART方法在安全生产中经常会用到。可能大家会遇到这样的困难烦恼：五定整改方案实施不下去、培训计划无法落实、风险评估报告做不出来，如何把很多的具体工作从纸面文件落实到现场，就会用到这个重要的方法工具SMART：

S（Specific）代表具体的。

M（Measurable）代表可测量的，它代表了这项工作的定量量化的要求。

A（Attainable）代表可实现的，确保目标具备可操作性。

R（Relevant）代表相关的。

T（Time-Based）代表时间要求。

SMART原则就像给目标装了个"导航仪"，指引你要去哪儿、怎么走。以工厂车间防事故为例，展示其对安全目标的优化作用。

举例：

原目标："今年要减少车间事故"（太模糊）。

经SMART改造后目标：

（1）具体（S）➜"重点解决叉车撞人事故"（像瞄准靶心，不打霰弹枪）。

（2）可测量（M）➜"把每月叉车事故从3次降到0次"（装个计数器，好坏一目了然）。

（3）可实现（A）➜"给叉车装倒车雷达＋司机每月培训2小时"（不搞"全员穿防弹衣"这种奇葩操作）。

（4）相关（R）➜"和全厂'零重伤事故'年度目标挂钩"（别去操心食堂饭菜太咸）。

（5）时间（T）➜"3个月内完成设备改造，6月底前事故减半"（像游戏通关倒计时）。

这样设定目标就像给车间安装了"安全导航"：

（1）设备科知道该买什么；

（2）叉车工清楚训练什么技能；

（3）厂长每周看报表就知道进度；

（4）年底庆功宴上能自信地说："今年叉车真没撞过人！"

8.7

神奇的金字塔原理：从发现问题到解决问题的应用工具

工作中你是否遇到过这些问题？发现隐患却说不清重点、布置任务下属理解偏差、写报告时逻辑乱成一团麻等。其实只要用好金字塔原理这个"思维脚手架"，就能让复杂问题变简单。这种思维方法从国外到国内经多年应用实践，助力培养了无数管理人才。

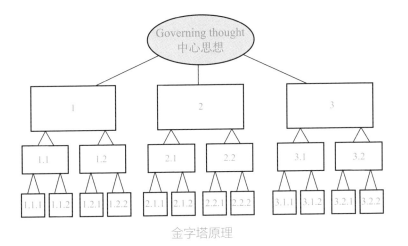

金字塔原理

（1）金字塔到底什么样？

以收拾仓库为例：

● 最底层：散落各处的螺丝钉（现场看到的具体问题）。

● 中间层：把螺丝钉按型号分类（整理出问题类型）。

● 最顶层：贴上"紧固件专区"标签（找到根本解决方案）。

这就是金字塔原理的核心——把零散信息层层整合，形成清晰结论。就像玩拼图，先找边角碎片（细节），再拼区域模块（分类），最后呈现完整画面（结论）。遵循自下而上找问题，自上而下抓落实的原则。

（2）自下而上找问题：从"蛛丝马迹"到"真相大白"。

● 收集线索：就像老刑警破案，先记录所有可疑细节。

→ 设备异响、操作台油渍、记录造假等所有可疑细节都是"现场证言"。

● 合并同类项：把相似问题装进同一个文件夹。

→ 防护栏摇晃＋安全阀漏气＝设备缺陷问题；

→ 忘记戴护目镜＋酒后上岗＝操作纪律问题。

● 揪出"真凶"：例如某工地发现60%的磕碰伤都发生在午饭后1小时，原来是犯困导致反应迟钝，进而调整午休时间。

（3）自上而下抓落实：把"大目标"拆成"小步骤"。

场景：以厂长提出"今年必须做到零事故"为例：

- 搭梯子：把大目标变成台阶。
→ 零事故＝设备完好＋操作规范＋应急到位；
→ 设备完好＝每月检查＋季度保养＋年度更换。
- 说对话：布置任务需清楚明确。
× "小张你去看看设备。"
√ "小张今天15点前，用检测仪检查3号机组油压值，拍照发群里。"
- 盯进度：某车间用"红绿灯看板"跟踪整改，红灯任务每天催办，黄灯任务每周检查，绿灯任务归档形成案例库。

（4）真实应用案例。

某公司危险化学品库房管理中应用这个方法改善安全：

- 库管员们先吐槽：

"防爆扫描枪老是漏电"；

"夜班卸货看不清台阶"；

"安全帽带子总断裂"。

- 主管分类发现：设备问题（45%）＞照明问题（30%）＞劳保问题（25%）。
- 管理层出手：更换50支防爆扫描枪＋加装10盏防爆探照灯＋招标新供应商，三个月后工伤率直降70%。

金字塔原理就像整理房间，先把乱扔的东西捡起来（收集问题），分类放进不同抽屉（分析原因），最后贴上标签方便取用（解决问题）。总体思路为"零散信息铺底层，同类问题放中间，解决方案站顶端"。熟练运用这一思维工具，无论是班组长还是公司高管，都能提升解决问题的管理能力。

8.8

安全作业"四有"黄金法则：让每个环节都上锁

怎么样能保证现场各类作业的安全呢？从特殊作业到常规生产操作、开停车、异常处置，遵循四句话：行动有方案；步步有确认；过程有监督；事后有总结。这是安全作业的"四有"黄金法则，具体阐释如下：

（1）行动有方案——干活前先想好"路线图"。

就像出门旅游要查攻略一样，大小作业都要提前规划。比如工厂动火作业前需填审批单，明确时间地点、风险点与防护措施；处理设备异常时，应先与班长讨论步骤。就像装修前先看设计图，避免边干边想、手忙脚乱。

（2）步步有确认——每走一步踩实了再落脚。

把作业拆成一个个小步骤，像闯关游戏一样逐个完成。比如电工接线时要：断电→挂警示牌→验电→接地线，每一步都要严格检查，就像做饭时尝咸淡，加盐前先试味道，避免一锅菜全做咸了。

（3）过程有监督——干活时旁边得有"第三只眼"。

重要作业要安排专人盯着，就像教练陪学员练车。如受限空间作业时，监护人员需实时监测气体浓度，发现异常立刻叫停。好比小朋友学骑车，家长得扶着车后座，随时保护。

（4）事后有总结——干完活要"复盘"找经验。

每次作业结束后都要开总结会，大家说说哪里做得好、哪里不足。如抢修设备后，记录新漏油点处理方法、防护服穿戴耽误时间等问题。就像打游戏通关后看回放，找到下次升级打怪的窍门。

这四招就像安全作业的"四道保险栓"：提前规划防出错，过程检查堵漏洞，实时监控保安全，事后总结长记性。就像炒菜要备菜、看火、尝味、刷锅四步，缺一不可。

8.9

走动式管理：领导不能总坐办公室

走动式管理在工厂安全生产中发挥着巨大的作用和价值。

采用走动式管理的企业高层管理者经常到工厂去检查，重要的一件工作就是询问，不停地询问工厂的管理者和现场工作人员。

（1）你的工厂和岗位有什么危险？

（2）可能产生怎样严重的后果？

（3）有什么样的控制措施？

走动式管理，即"领导不能总坐办公室，需常到车间巡查"。这种接地气的管理方式对安全生产特别管用，就像个"移动的安全雷达"，具体来说有五大好处：

（1）现场"找碴"更准。领导头戴安全帽往车间一站，马上就能发现那些报表上看不见的隐患。比如防爆电器密封脱落、机器防护罩松动、电线接头外露、管道焊缝存在裂纹等，这些细节就像"定时炸弹"，现场转一圈比看十份报告都实在。

（2）把员工当安全顾问。逮着工人就问："你这岗位最危险的动作是什么？"这远比开会听汇报强多了。操作工天天与机器打交道，他们最清楚哪里容易出事故。就像曾有位老工人提及"这阀门冬天容易冻裂"，果然避免了一次泄漏事故。

（3）让安全制度活起来。领导现场抽查员工："遇到设备冒烟该怎么办？"要是员工答不上来，说明应急预案培训和演练可能在走形式。反过来，要是发现好的做法当场表扬，比如某班组自创的"设备体检五步法"，马上就能推广全厂。

（4）防患于未然。就像中医"治未病"，定期巡查能把问题扼杀在萌芽阶段。比如发现溶剂仓库堆得太满，当场要求整改，总比等消防检查开罚单强。某车间因为及时更换老化的排风管，成功避免了一场粉尘爆炸。

（5）让安全成为习惯。领导三天两头来转转，员工自然不敢懈怠。就像学生时代班主任随时可能出现在教室后门，大家操作时都会格外留心。时间久了，"戴护目镜""双人确认"这些动作就成了肌肉记忆。

简而言之，这种管理方式促进现场执行力的改善。领导用脚步丈量车间，用目光扫描隐患，用询问激活每个人的安全意识，比贴100张安全标语都管用。

8.10

安全管理的生死线：向形式主义"开炮"

在车间巡视，总能看到这样的场景：工人趴在操作台上填表，手写一份再往系统里录一遍，培训记录、巡检记录和作业票堆得比设备还高。2013年，在壳牌公司现场调研时，生产主管站在装置区，随手一指："这根管线泄漏时，半径30米内设备必须全部停运！"他说的话如此硬气，让人震惊。问起依据，他掏出随身的袖珍风险评估手册——那是他们从2000年就开始每三年更新一次的"安全圣经"（异常工况处置和授权指令卡）。

而有的工人呢？前脚处理完漏点，后脚就被叫去补培训签字。上周三车间通报会上，整整一个小时都在纠结"上月风险告知书少签三个名字并且没有拍照片提供证据"，这种较劲完全用错了地方。

安全管理的核心在于12个字：辨识风险＋落实措施＋掐灭隐患。国外一些优秀的同行早把功夫下透了：每根管线的压力参数、每台设备的联锁逻辑，连新来的操作工都要求倒背如流并贯彻执行。他们的风险评估报告不是往档案室一锁，而是变成口袋书、做成警示牌，融入每个操作步骤里。

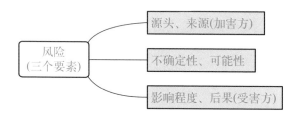

反观有些企业，安全台账越做越厚，培训记录堆积如山，应急预案愈发繁杂，但真遇到突发状况，值班员还在翻箱倒柜找流程图。曾有夜班设备异常报警和跳停，操作工手忙脚乱时，巡检和值班记录本还摊在桌上等着填，这种本末倒置简直荒唐。

不是说台账不要做，培训不需要记录，重大隐患20条不需要背诵，而是不能把手段当目的。就像老安全员常说的："抓狮子（行为安全）、打老虎（过程安全）、拍苍蝇（职业安全），抓住真正的风险才是关键，天天数狮子毛算什么本事？"把有限的时间精力用在刀刃上，该修复的仪表马上修复，该更换的密封圈立刻下单，比在会议室争论"培训记录留痕拍照还是拍视频"更有价值。

安全从来不是靠填表格和做台账实现的。当工人能向一些优秀企业学习，闭着眼睛都能画出装置区的工艺流程图、对现场的各类风险烂熟于心掌控自如，那才是真安全。否则，再漂亮的台账和留痕记录，也不过是事故调查报告中的无用点缀。

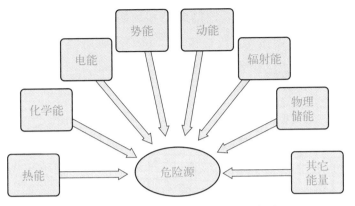

造成工业安全事故伤害的八大类常见危险源

8.11

安全措施怎样才算有效：两个关键缺一不可

进行企业安全检查时，总能看到这样的场景：厚厚一摞风险评估报告里，清一色写着"加强培训""加强巡检""加强票证办理""确保设备维护到位""落实应急预案"这样的建议。可一问落实情况，安全主管常面露难色："我们也想加强，可具体该怎么加强呢？"

在某化工厂出现典型案例。他们的风险评估报告用红笔标注着"需加强设备维护"，但现场储罐区明明有锈蚀的管道都没处理。一问才知道，"加强维护"在他们这就是让维修班多留意，既没有具体标准，也没有跟踪机制。

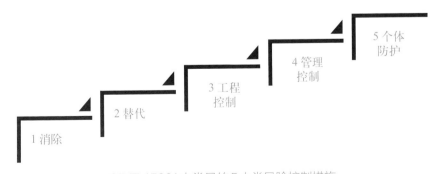

GB/T 45001中常见的5大类风险控制措施

实际上，有效的安全管控措施需满足两个关键指标：

第一招：像说明书一样可执行。好的控制措施要像家电说明书，让执行人知道操作达标要求。比如：

（1）把笼统的"加强培训"改成：每月15号组织全员安全培训，每次课后必须完成实操考核，合格率低于90%需复课。

（2）把模糊的"加强巡检"变成：每班次整点用巡检仪扫码打卡，按检查表完成20项指标核验，异常情况10分钟内上报系统。

（3）把空泛的"强化设备维护"具体为：每周三下午开展专项检修，使用智能点检系统记录维护过程，关键设备需上传维护前后对比照片。

第二招：像快递单号一样可追踪。每项措施都应留下可追溯的"数字脚印"，比如：

（1）培训台账需包含签到表、考核成绩、复课记录三项证据。

（2）设备巡检数据实时上传至管理平台，系统自动生成漏检报表。

（3）作业票证采用二维码管理，扫码可查看办理进度、审批记录及现场照片。

某化工厂的加氢装置就做了个示范。他们把"加强动火作业管理"细化成：作业前上传周边5米环境视频，气体检测仪数据实时联网，监护人员每15分钟定位打卡。实施后，动火作业违规率从32%降至5%，这就是具体化、可验证带来的改变。

众多事故警示我们，风险评估和安全管控并不是作文比赛，而是要切实解决问题。记住这个公式：具体标准＋执行彻底＋过程留痕＝有效管控。撰写控制措施时，先问自己两个问题：一线员工能直接照着做吗？检查时能提供确凿证据吗？把这两个问题解决了，安全管控才能真正落地。

第九章

事故管理：从案例中学习安全

9.1

事故调查不能止于表面：深挖冰山下的根源

翻阅事故调查报告，"工人违章操作""风险分析缺陷""培训走过场""设备管理不到位""责任压不实""监管松虚软"这些字眼就像固定台词反复出现。可这些真的是事故的罪魁祸首吗？就像只盯着冰山露出水面的一角，可能会错过潜藏水下的致命隐患。

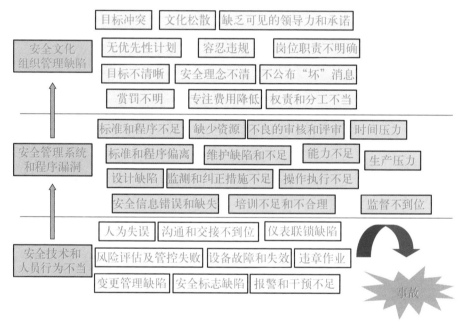

事故调查原因分析逻辑层级图

某工地高处坠落事故就是典型例子。调查报告写着"工人未系安全带违章作业"，可深挖后发现：安全绳库存长期短缺，新工人培训就是观看20分钟视频，作业班组连续36小时赶工期。当企业把"违章"当作事故原因调查的终点，真正的隐患却在暗处疯狂生长。

这些血淋淋的案例告诉我们：违章从来都不是事故的真正起因。

就像医生不能把发烧当作病因，我们必须追查致使发烧背后的"感染源"：

（1）安全投入是否总让位于工期进度？

（2）培训考核是否沦为"拍照打卡签到"的形式？

（3）隐患排查是否变成"迎接检查专用表格"？

（4）夜班工人的疲惫有没有人注意？

（5）沉默的举报箱里藏着多少不敢说的秘密？

某化工企业用5年时间把事故起数降了80%，秘诀并不是实施严格的惩处措施，而是建立"安全直通车"机制：一线工人可直接向总经理反馈问题，每季度安全预算单独列支，引入咨询机构辅导基层班组建设，破解现场管理混乱难题。这些实践证明，当安全管理扎根基层，事故预防才能落到实处。

事故调查不该是找"背锅侠"的游戏。企业需用显微镜审视管理系统，用放大镜观察执行细节，会发现每起事故都是多环节失守的连锁反应。只有企业管理者愿意倾听机器轰鸣中的异响，留意防护栏上的锈迹，才能真正筑牢安全生产防线。

9.2

我们该如何跳出安全治理的怪圈

国家在安全生产治理上力度颇大。从中央办公厅、国务院办公厅联合发布的《关于全面加强危险化学品安全生产工作的意见》，到全国范围各行业开展的安全生产专项整治三年行动，再到国务院安全生产委员会推出的"十五条硬措施"，重大危险源专项检查，其它各种专项检查等，安全监管早就成了"高压锅"模式。应急管理部的数据显示，2022年全国生产安全事故起数较2019年下降34.7%，但重特大事故总在大家喘口气的时候突然冒头。要打破这个怪圈，或许得换换思路。

1.道：重塑安全认知体系的底层逻辑

在安全生产领域，"不出事即安全"的惰性思维如同慢性毒药。某跨国化工集团曾做过测算，企业90%的安全投入用于事后补救，仅有10%用于事前预防。这种本末倒置的认知模式，导致安全治理陷入"事故-整改-松懈-事故"的恶性循环。破局之道在于重构安全认知：将"预防优于处置"的理念植入社会神经末梢。国外有的企业新员工在安全体验馆经历12次模拟窒息、触电等场景后才能上岗的实践，正是将风险感知转化为肌肉记忆的认知革命。公众安全教育更需从灌输式说教转向沉浸式体验，让每个公民都成为安全神经网络的敏感触角。

2.法：构建韧性治理体系的四梁八柱

当前监管体系存在明显的"过载悖论"：据统计显示，2022年各级监管部门开展安全检查超500万次，但企业被动应付检查的隐性成本占总安全投入的38%。破解困局需要打造"服务型监管"新范式。新加坡推行的安全报告制度(Safety Case)提供了启示：监管部门从"考官"转变为"顾问"，企业需自主证明安全体系的可靠性，第三方机构承担评估认证。这种制度设计既释放了监管压力，又激活了企业内生动力。同时应建立"治理合伙人"机制，如浙江某地试点安全生产责任险浮动费率，保险和咨询公司深度参与企业风险评估，形成风险共担的市场化治理网络。

3.术：锻造风险防控闭环的双轮驱动

在某工业园区，342个物联网监测点构筑起数字孪生防线的同时，管理人员手中的标准化作业卡正以毫米级精度拆解风险工序。这揭示出技术与管理双轮驱动的深层逻辑：传感器捕捉的是物理空间的异常波动，而管理机制防范的则是人性弱点的系统性溃堤。某央企2023年事故溯源显示，68%的险情肇始于交接班记录缺失、80%的事故是不按标准作业导致、50%应急预案形同虚设等管理黑洞，而非设备故障。

安全治理本质上是风险认知能力的较量。当预防文化成为社会基因，当制度设计激发主体责任，当科技赋能和执行铁律穿透最后1米，我们终将打破事故周期律，构建起真正具有韧性的安全生态。这不是与灾难赛跑的被动防御，而是驾驭风险规律的主动进化。

9.3
事故案例：屏障管理刺穿致灾难

2017年6月5日某石化有限公司装卸区一辆液化气罐车在卸车作业时，万向连接管与罐车接口处发生液化气泄漏。泄漏气体迅速气化扩散，2分钟后遇点火源引发爆炸，火势迅速蔓延，引爆周边15辆罐车，并引燃厂内液化气球罐和异辛烷储罐，形成10余处火点。事故造成10人死亡、9人受伤，大量储罐、装置及周边设施损毁。当地调集189辆消防车、958名消防员，经15小时扑救后明火被扑灭。

事故现场

逃生救援不当

"6·5"爆炸着火事故的屏障管理失效如下。

● 硬屏障（设备设施）失效

① 卸车区附近的化验室和控制区均未按防爆区域进行设计和管理，电器、化验仪器均不防爆，泄漏后直接引发爆炸；

② 装卸区与液化气球罐区安全距离不足，重大危险源旁违规设置装卸区，物理隔离失效；

③ 安全阀长期直排大气且被违规关闭，未接入火炬系统，关键安全装置功能丧失。

● 软屏障（管理措施）失效

① 风险辨识与管控缺位，未对装卸区开展风险评估，24小时高强度作业导致风险叠加；

② 隐患排查流于形式，未整改防爆缺陷、设备功能缺失等隐患；

③ 应急管理严重不足，泄漏后未及时关闭泄漏罐车紧急切断阀和球阀，未及时组织人员撤离；

④ 人员培训缺失，操作人员技能不足，管理人员缺乏专业知识和安全意识；

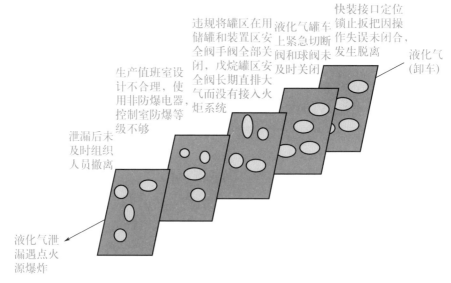

液化气罐车泄漏火灾事故奶酪图（部分原因）

⑤ 监管责任不落实，地方政府审批不严，安全评价机构虚假评估，源头风险失控。

硬屏障与软屏障双重失效导致泄漏失控、点火源触发爆炸，并因连锁反应扩大事故后果。化工厂屏障管理是防事故关键：硬屏障（物理设施）阻断危险源，软屏障（管理措施）消除疏漏。本事故中，防爆设计缺失、安全阀失效（硬）叠加风险管控缺位、应急初期处置能力低下（软），致泄漏失控爆炸。双屏障互补缺一不可，需同步强化设备本质安全与制度执行，方能阻断风险链，避免小隐患酿大灾。

9.4

事故案例：本质安全源头筑防

1984年12月3日国外某农药厂发生甲基异氰酸酯（MIC）储罐泄漏事故，据国际聚氨酯协会异氰酸酯分会提供的数据，该起事故共造成6495人死亡、12.5万人中毒、5万人终身受害，但非官方的数字估计更高。

MIC是甲基异氰酸酯（Methyl Isocyanate）英文名称的缩写，又称异氰酸甲酯，分子量57.06，是有强烈气味的剧毒液体。职业接触限值中国PC-TWA: $0.05mg/m^3$；PC-STEL: $0.08mg/m^3$[皮]，美国ACGIH: TLV-TWA: 0.02ppm[皮]。熔点-45℃，沸点37～39℃，闪点为-7℃。高度易燃，其蒸气与空气混合，能形成爆炸性混合物，爆炸极限为5.3%～26%(V/V)。其化学反应性强，易聚合，易吸潮，容易自聚。遇水、醇类、强碱、酸类、强氧化剂会释放出危险的分解产物-氰化氢。发生事故的博帕尔MIC储存系统简要工艺流程如下图所示。

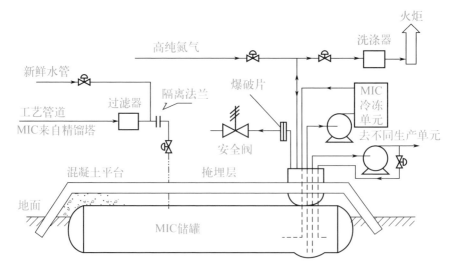

甲基异氰酸酯（MIC）储存系统工艺流程简图

MIC储存系统中五种重要的安全屏障都没有发挥作用，如下图所示，是导致事故发生的一系列原因：

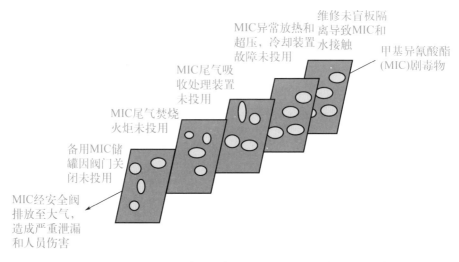

博帕尔甲基异氰酸酯（MIC）泄漏事故奶酪图（主要原因）

① 工厂在检修过程中，反冲洗过滤器时没有采取盲板隔离，冲洗用的新鲜水因阀门内漏至MIC储罐，和水发生反应，储罐温度和压力升高；

② MIC储罐的制冷系统被异常关闭，系统温度和压力异常状况无法缓解，超温超压致使安全阀动作，MIC蒸气直接排放到大气中；

③ 吸收有毒蒸气的洗涤系统处置能力不足且未能启动；

④ 用于焚烧洗涤有毒蒸气系统的火炬因工厂检修未投入使用；

⑤ 备用MIC储罐阀门关闭，未能投入使用等一系列原因，最终导致事故发生并升级扩大。

该事故最重要的技术原因是安全阀出口排放及处置存在重大设计缺陷，未能实现设备的本质安全。事故发生后，大家都在反思：

① MIC那么危险，是否存在替代物？

② MIC储存量那么大，能否减量储存？

③ MIC属于剧毒物，安全阀是否允许直接排放到空气中？

④ MIC泄漏后，是否存在更可靠的MIC尾气处理设施？

⑤ MIC是否存在更安全的储存方式？如：封闭库房存储？

⑥ 如何将工厂周边居民控制在安全距离外？

该事故暴露出化工系统本质安全设计的致命缺陷。本质安全的核心在于源头预防，通过替代工艺、减量储存、工艺优化及多重防护体系等技术手段消除风险根源。必须将剧毒物质处置纳入封闭循环系统，杜绝直接排放；同时严格厂区安全距离规划，实现技术防控与社区管理的双重保障。唯有将安全理念融入设计源头，才能构筑起守护生命与环境的坚实防线。

9.5

事故案例：风险分析斩灾祸根源

2011年7月30日，某炼油厂丙烯回收单元干燥除硫器D-5202A槽体发生破裂泄漏火灾事故，直接损失500万元。丙烯回收单元年产能30万吨丙烯，采用干式除硫系统（吸附剂为专利商供给），用于去除丙烯中的水分、硫化物（COS）及极性杂质。

(一)丙烯回收区

(二)不纯物处理区

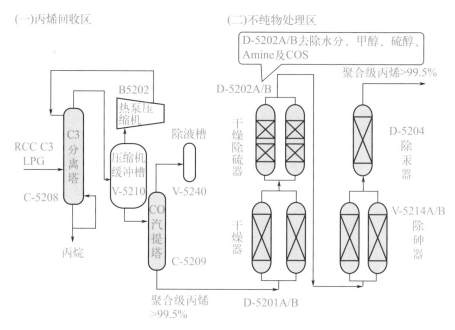

D-5202A/B去除水分、甲醇、硫醇、Amine及COS

聚合级丙烯>99.5%

B5202 热泵压缩机

RCC C3 LPG

C3分离塔

C-5208

压缩机缓冲槽 V-5210

除液槽 V-5240

CO汽提塔 C-5209

丙烷

聚合级丙烯 >99.5%

D-5202A/B

干燥除硫器

干燥器

D-5201A/B

D-5204 除汞器

V-5214A/B 除砷器

干燥除硫器D-5202A槽体破裂口长2米、宽0.6米，破裂处材质因高温拉伸减薄至13.2毫米（原厚度40毫米）。

干燥除硫器因聚合反应导致破裂

（1）事故发生经过

该槽体于2011年4月更换新吸附剂，7月28日装置大修后开车引入丙烯，运行32小时后发生爆裂。

7月30日0时53分，操作员发现丙烯回收单元西南侧火灾。D-5202A槽体下半部因爆裂导致丙烯泄漏自燃。

立即启动消防炮塔降温并通知厂内消防队。消防队迅速介入控制火势，系统残余丙烯完全燃烧后火势熄灭，未造成人员伤亡。

（2）原因分析

① 直接原因：槽体内部发生聚合反应局部温度超过材料降伏强度（700℃），导致钢板塑性变形破裂，丙烯泄漏自燃。

② 间接原因

a.吸附放热与聚合反应

i 高活性氧化铝吸附剂（Selexsorb CD）初次使用时吸附能力极强，吸附放热量大（309kcal/kg丙烯）。

ii 系统初压仅6kg/cm²，引入26kg/cm²丙烯后瞬间汽化，气态丙烯无法有效带走热量，导致吸附床温度升至150℃以上，触发丙烯聚合反应（放热480kcal/kg）。

b.设计缺陷

i 五槽串联引料设计导致D-5202A处于第三槽，吸附剂暴露于气态丙烯时间过长（67分钟），热量持续累积。

ii 未安装温度监控装置，无法实时发现局部过热。

（3）关键的安全屏障失效分析

① 温度监控缺失

a.失效表现：D-5202A槽体未安装温度传感器，无法实时监测吸附剂床层温度，也未实现高温联锁功能。

b.后果：局部高温（700℃）未被及时发现，导致槽体材料弱化破裂。

② 物料压力控制操作不当

a.失效表现：系统初压仅设定为6kg/cm²，引入高压丙烯（26kg/cm²）后导致大量汽化。

b.后果：气态丙烯无法有效带走吸附热，热量持续累积。

③ 吸附剂特性风险评估不足

a.失效表现：未充分考虑供应商高活性吸附剂的吸附放热和聚合

反应风险。

b.后果：吸附剂初次使用吸附能力极强，放热量远超预期，引发连锁反应。

④ 串联引料设计缺陷

a.失效表现：五槽串联设计导致D-5202A处于第三槽，吸附剂暴露于气态丙烯时间过长（67分钟）。

b.后果：热量累积加剧，局部温度突破临界值。

⑤ 工艺风险分析失败

a.失效表现：项目前期未执行HAZOP分析，后续PHA（过程危害分析）未能识别吸附热和聚合反应风险。

b.后果：设计阶段未提出温度监控和热量移除的改进措施。

⑥ 设计审查不严格

a.失效表现：供应商在设计中未评估吸附剂与物料兼容性风险。

b.后果：关键安全措施（如温度联锁）未被纳入初始设计。

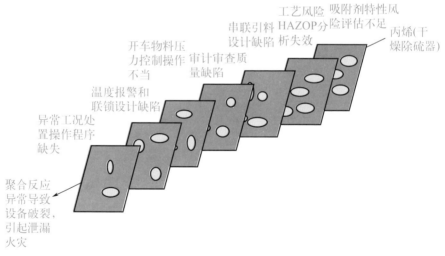

丙烯回收单元D-5202A槽体破裂泄漏火灾事故奶酪图

⑦ 异常工况操作缺陷

a. 失效表现：原SOP未明确高温紧急停车和排空的具体阈值（如100℃触发停机），未针对吸附剂特性制定流量控制、液位监控和紧急排空程序。

b.后果：异常处置延迟，火灾未能避免。

风险分析是化工安全的核心环节，通过系统识别工艺中的潜在危险（如化学反应失控、物料异常、操作异常等）并评估其后果，从而制定预防措施。在此次事故中，因未执行HAZOP分析，设计阶段未发现高活性吸附剂的吸附放热与聚合反应风险，导致未设计温度监控、联锁及热量移除机制；后续过程危害分析（PHA）也未能识别关键隐患。风险分析的缺失直接导致安全屏障（如设计冗余、操作程序、报警联锁）失效，无法预见和阻断事故链。有效的风险分析不仅能预防设计缺陷，还可优化操作规程、强化应急响应，是避免人员伤亡、财产损失及环境破坏的基础保障。

9.6
事故案例：异常工况管理当先

某化工公司氯乙烯气柜泄漏扩散至电石冷却车间，遇火源发生燃爆，造成4人死亡、3人重伤、33人轻伤，直接经济损失4154万元。

该公司氯乙烯气柜、氯乙烯球罐布置在厂区地面标高较高位置（标高1324米），高于转化、精馏、压缩电石冷却等场所地面标高3至8米，其中高于电石冷却厂房地面标高8米。

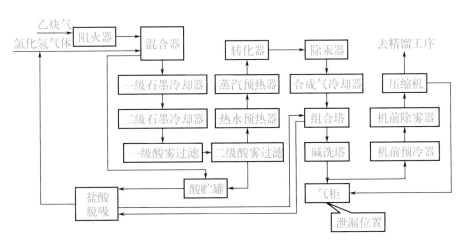

某化工公司氯乙烯工艺流程和泄漏位置简图

本次氯乙烯泄漏火灾事故中五种重要的安全屏障都没有发挥作用，如下图所示，是导致事故发生的一系列原因：

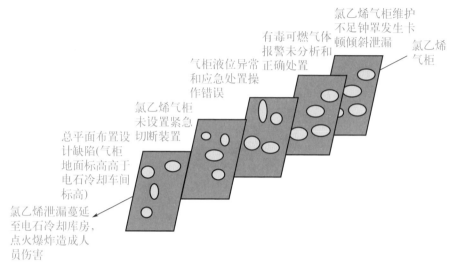

氯乙烯气柜维护不足钟罩发生卡顿倾斜泄漏

氯乙烯气柜

有毒可燃气体报警未分析和正确处置

气柜液位异常和应急处置操作错误

氯乙烯气柜未设置紧急切断装置

总平面布置设计缺陷(气柜地面标高高于电石冷却车间标高)

氯乙烯泄漏蔓延至电石冷却库房，点火爆炸造成人员伤害

氯乙烯气柜泄漏火灾事故奶酪图（主要原因）

① 氯乙烯气柜未按《气柜维护检修规程》第2.1条、第2.2.2条规定内容进行全面检修，投运6年未全面检修，在大风天气影响下导致气柜钟罩卡顿倾斜，发生泄漏。

② 有毒可燃气体探测仪发生报警，操作人员未进行分析和及时正确处置。

③ 氯乙烯气柜发生泄漏和液位异常，操作人员未采取正确的工艺调节和应急处置。

④ 氯乙烯气柜未按《石油化工企业设计防火规范（2018版）》（GB 50160—2008）第6.3.12条的要求，设置气柜上、下限位报警装置，且进出管道未安装自动联锁切断装置。

⑤ 工厂总体布局设计的错误，导致比空气重的氯乙烯泄漏后扩散蔓延至电石冷却厂房区，遇火源点火爆炸引发事故。

案例中气柜维护不足导致泄漏、工艺异常应急处置不当、气体报警响应不足等等典型异常工况情境下管理不善问题，本质是管理体系在风险识别、技术保障、人员能力上的系统性失灵。异常工况管理是预防事故升级的关键防线，涵盖设备维护、工艺监测、应急处置等全流程管控，必须充分发挥异常工况管理在化工安全中的核心作用。

9.7

事故案例：操作安全失守引发爆炸

2015年8月某公司年产2万吨改性型胶黏新材料联产项目二胺车间发生重大爆炸事故。事故造成硝化装置整体损毁，形成长轴18m、短轴14.5m、深3.2m的锥形爆炸坑。事故导致13人死亡、25人受伤，直接经济损失4326万元。次生灾害包括：北侧苯二胺加氢装置倒塌；南侧甲类罐区苯储罐（储存量582.9吨，储罐容积利用率70.5%）破裂；周边建构筑物玻璃幕墙大面积受损。

（1）事故发生经过

① 试车异常阶段（28日15时至29日24时）

a. 先后两次投料试车。

b. 均因硝化机控温系统不好、冷却水控制不稳定以及物料管道阀门控制不好，造成温度波动大，运行不稳定停车。

② 最终事故阶段（31日16时38分）

a. 16:38 第三次投料试车启动。

b. 运行参数异常：4#硝化机温度峰值96℃（正常60～70℃），5#硝化机达94.99℃（正常60～80℃）。

③ 异常处置措施

a. 操作人员对4#、5#硝化机外壳实施工业水喷淋降温。

b. 中控室上调循环冷却水流量至设计上限。

④ 专家建议停车处置

a. 23:00左右 违规操作流程

i 拆卸硝化再分离器（X1102）下部DN50放净管法兰（标高+2.5m）。

ii 开启二层放净管道阀门实施地面排放。

b. 23:15左右 物料排放特征变化

i 初始阶段：白色烟雾。

ii 2分钟后：烟气渐变为黄→红→棕红色。

c. 23:18 事故触发

i 预洗机与X1102连接处出现1m左右火焰。

ii 引发硝化装置爆炸。

（2）事故直接原因

① 违章操作：在未建立安全排放系统情况下，违规实施物料地面排放。

a. 排放物料组成：混二硝基苯（主组分）、硫酸（浓度98%）、硝酸（浓度68%）、NO_2（硝酸分解产物）。

b. 排放条件：二层操作平台至地面形成高度差。

② 能量释放机制

a. 强氧化剂：$H_2SO_4/HNO_3/NO_2$形成氧化剂。

b. 机械能转化：重力加速度导致物料冲击水泥地面，产生局部压力。

c. 热点形成：摩擦引发混二硝基苯自燃（燃点280℃）。

③ 热传导效应

a. 火焰温度估算：1200～1400℃。

b. 热辐射导致相邻设备（硝化机、预洗机）壁温升至TNT分解温度（240℃）。

（3）安全屏障失效分析

① 工程控制屏障失效

a. 关键安全设施未投用：DCS系统完成度78%，SIS系统未调试。

b.未采用连续硝化工艺（事故装置为间歇式反应器）。

c.泄爆设计不符合GB 50058—2014防爆规范。

② 管理控制屏障失效

a.未完成HAZOP分析，"三查四定"缺失。

b.试车方案未实施HSE审查，PSSR未执行。

c.操作规程缺失：硝化工艺12项关键操作无SOP。

③ 人员防护屏障失效

a.违规在防爆区设置生活区（距装置区23m，小于规范要求的50m）。

b.承包商管理失控：施工人员居住区位于爆炸冲击波主要传播路径。

④ 应急响应屏障失效：应急处置措施违反危险品处置相关要求。

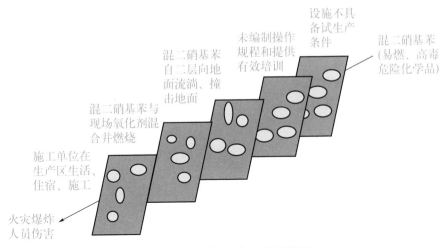

二胺车间硝基苯爆炸事故奶酪图

该事故暴露出典型的操作安全失控问题：试车前未完成设备调试及自动化联锁安装，违规投料；缺乏规范操作规程，人员对物料爆炸特性无知；异常工况下未紧急停车，违章排放高危物料，强氧化环境与摩擦引发燃爆。企业疏忽工艺安全红线，指挥失当、操作不规范，直接导致灾难发生。

9.8
事故案例：变更管理不当是祸源

  2007年2月16日，某炼油厂丙烷脱沥青装置，因液态丙烷泄漏造成大火事故，导致3名员工和1名承包商严重烧伤，1名消防员中度烧伤，10名其他员工和承包商轻伤，同时造成了大量的设备损坏和社区疏散，最终导致麦基斯波特炼油厂全面停车两个月，丙烷脱沥青装置在事故发生一年后重建，事故导致直接经济损失5亿美元。

  丙烷泄漏是因约15年未使用的控制阀组内的高压管线冻堵导致的破裂失效造成的。控制阀组由于功能变更停用，但是隔离阀门受金属碎片的影响关闭不严，丙烷中的水分在控制阀组内的低点集聚并在气温较低的情况下结冰，冻结的水膨胀导致控制阀组进口管线的一个弯头破裂。

  凝结的冰堵塞了损坏的弯头和管道，在事故发生当天气温回升，冻堵位置结冰溶解，导致液态丙烷从破裂的管线泄漏，形成巨大的可燃蒸汽云，吹向锅炉房，遇明火形成高压喷射火。管廊钢结构支撑因大火灼烧坍塌，管廊上的易燃介质管线破裂，导致物料泄漏，进一步扩大火势。

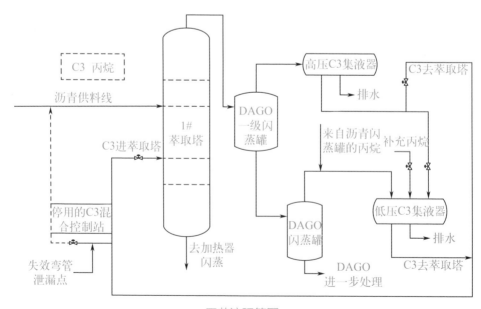

工艺流程简图

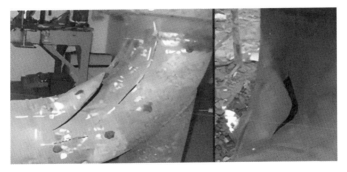

管线冻堵破裂

该炼油厂火灾事故中五种重要的安全屏障都没有发挥作用，如下图所示，是导致事故发生的一系列原因：

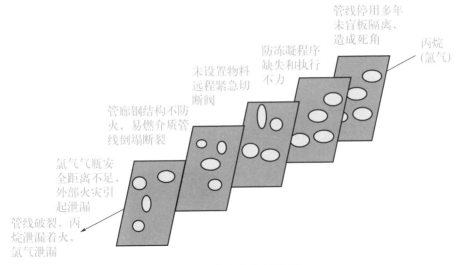

某炼油厂火灾事故奶酪图

① 管线功能变更停用多年没有拆除或者安装盲板进行绝对隔离，造成盲管段。

② 防冻防凝工作未制定管理要求，未制定计划，实际未开展防冻防凝检查。

③ 装置没有设置丙烷远程紧急切断阀，无法在发生喷射火的情况下切断物料。

④ 管廊钢结构不防火，致使易燃介质管线坍塌，导致管道内输

送的物料泄漏，造成更大火灾。

⑤ 工厂使用氯气气瓶违规存放，防护间距不足，在火灾发生后泄漏，造成更大事故后果。

该炼油厂火灾事故暴露了变更管理的致命缺陷。变更管理执行不力导致停用管线未拆除或者彻底隔离，形成危险盲端；风险识别不足造成防冻措施缺失，最终引发连锁灾难。完善的变更管理应通过规范流程、复核确认隔离措施、动态风险评估和防护系统改造升级，实现危险源系统性管控。只有将技术防控与管理措施深度结合，才能避免因变更失控引发的灾难性后果。

9.9 事故案例：泄漏管理失防吞命

某化工企业以甲醇为原料生产化工产品，其生产车间共包括四层，甲醇原料输送泵位于车间二楼，现场操作站位于三楼，导热油加热系统位于车间一楼，楼层布置如下图所示。

化工生产车间（共四层）

某冬季深夜，化工车间发生甲醇输送泵泄漏，泄漏出的甲醇经车间二楼楼板孔洞（如下图所示）流淌蔓延至车间一楼，遇高温导热油（250℃）设备的热表面发生火灾，继而引发导热油系统火灾（如下图所示），车间瞬间产生浓烟，火灾持续近两个小时，车间内设备几乎全部损毁。

化工生产车间二层楼板孔洞

化工生产车间一层着火现场

因车间仪表线、电缆等进入三楼控制室防火封堵缺失，车间火灾迅速升级蔓延至二楼和三楼，火灾产生的高温和浓烟，导致现场能见度几乎为零，消防人员无法辨别方向和位置，无法及时抢救现场人员。两名操作人员避难至三楼辅助物料车间窒息而死，事故的直接经济损失约2000万元。

本次甲醇泄漏引发导热油二次火灾事故，其中五种重要的安全屏障都没有发挥作用，如下图所示，是导致事故发生的一系列原因：

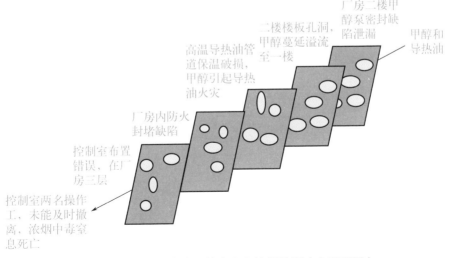

甲醇泄漏引发导热油系统火灾事故奶酪图（主要原因）

① 甲醇泵机械完整性缺陷，泵机械密封的选型和维护不当导致泄漏。

② 厂房甲醇泵二层楼板，存在多处孔洞，未采取防止可燃液体泄漏至下层的措施。

③ 厂房一楼高温导热油管线保温层破损，未有效维护保养，导致泄漏的甲醇和高温导热油（250℃）管道接触被点燃。

④ 控制室布置位置错误，设计在厂房三楼，倒班操作员工长期暴露在危险区域内。

⑤ 厂房内防火封堵缺陷，多处仪表和电缆管线穿越防火墙未进行防火封堵，导致火灾向二层及三层快速蔓延。

其中一个很重要的事故原因，也是容易被忽视的原因，企业违反了生产区域建筑物的防溢流设计，即"有可燃液体设备的多层建筑物或构筑物的楼板应采取措施防止可燃液体泄漏至下层，且应有效收集和排放泄漏的可燃液体。"《石油化工企业设计防火规范（2018版）》（GB 50160—2008）第5.7.5条的要求。企业前期现场安全检查发现，车间二楼楼板存在多处孔洞，但并没有引起企业的重视，也未及时整改这项隐患，直至甲醇泄漏扩散蔓延至事故发生。

防泄漏管理是化工安全的核心环节，其失效将导致风险链式扩散。本案因设备维护、防溢流设计、防火封堵等多重防线失守，致使泄漏液体接触高温源引发灾难。严格执行设备完整性管理、规范建筑防渗漏设计、落实防火分隔措施，既是法规要求，更是阻断泄漏扩散路径、防止次生灾害的关键防线，必须作为隐患排查治理的重点内容。

9.10

事故案例：结构防火溃败致灾

某禽业公司主厂房发生特别重大火灾爆炸事故，造成121人死亡、76人受伤，损毁厂房面积17234平方米，直接经济损失1.82亿元。事故致灾因素包含重大危险源液氨（库存量15吨）和可燃建筑保温材料聚氨酯泡沫的复合作用。

　　主厂房采用"三纵四区"平面布局，南北向由三条主通道划分四个功能区：①北部冷库区；②中北部速冻车间；③中部主车间（含一车间、二车间及预冷池）；④南部附属区（含更衣室、配电室等功能单元）。

　　疏散系统设置：主通道东西端各设安全出口；冷库北墙设5个直通出口；附属区南墙设4个直通出口；二车间西墙设独立出口（注：事故时二车间西出口及南主通道西出口处于锁闭状态）。

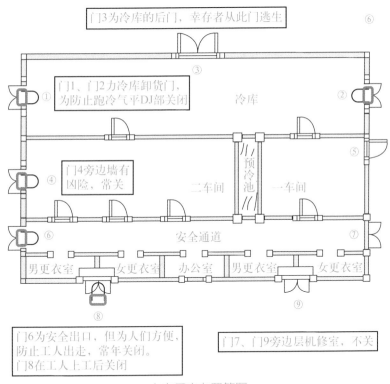

火灾厂房布置简图

　　本起特别重大火灾爆炸事故是由多环节防御体系失效引发的系统性灾难，可归纳为四个核心层级的原因：

　　（1）直接致灾因素

　　① 电气线路短路引燃：一车间女更衣室西侧与二车间配电

室上部线路短路，引燃衣物、办公用具等可燃物（热释放速率达250kW/m²）。

② 液氨物理爆炸：火势蔓延至氨设备区后，高温（＞400℃）导致储罐/管道爆炸，15吨液氨泄漏（爆炸当量相当于7.8t TNT）。

（2）火势蔓延加速机制

① 易燃材料助燃

a. 聚氨酯泡沫与聚苯乙烯夹芯板形成立体燃烧网络。

b. 附属区与主车间违规采用聚苯乙烯板分隔（耐火极限＜0.5小时，仅为规范值的50%）。

② 建筑结构缺陷

a. 吊顶贯通空间引发烟囱效应，火势沿南-北轴方向加速。

b. 防火分区面积超标280%（达17234m²，远超6000m²限值）。

③ 可燃物荷载超标：附属区可燃物密度45kg/m²（超工业建筑标准限值200%）。

（3）人员伤亡扩大诱因

① 毒害复合效应：聚氨酯燃烧产生HCN与CO；液氨泄漏扩散，形成爆炸性混合气体。

② 疏散系统崩溃：安全出口锁闭（南主通道西出口、二车间西出口）；有效出口人员流量超载［规范为1.3人/（m·s）值］。

③ 应急体系失效：火灾报警系统缺失导致响应延迟＞8分钟；未建立分级预警机制，错过黄金疏散时段。

④ 人员能力缺失：员工安全培训不满足法定要求；应急演练实施率为零，缺乏自救互救技能。

（4）工程技术根本缺陷

① 违法建设问题

a. 设计/施工/监理单位资质挂靠，违反《建设工程质量管理条例》第25条。

b. 直接导致：防火分区超标、疏散宽度不足40%、违规使用B3级易燃材料。

② 防火体系双重失效

a.主动防火缺失：未设自动喷淋系统（违反GB 50084—2017），控火延迟 > 15分钟；火灾报警系统缺失（违反GB 50116—2013），报警响应时间 > 8分钟。

b.被动防火失效：防火分隔耐火极限 < 0.5 小时（违反GB 50016—2014），火势突破时间缩短；防烟分区未设置（违反GB 51251—2017）。

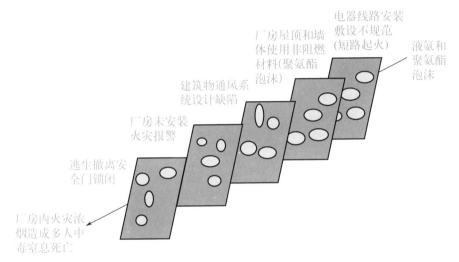

禽业公司厂房火灾事故奶酪图

本事故暴露出结构防火体系失效的灾难性后果。涉事厂房使用易燃建材、防火分区严重超标且缺乏防烟分隔，导致火势极速蔓延并阻断逃生通道。科学的结构防火应通过阻燃材料、合理分区及防烟设计构建多层防线，有效延缓火势扩散，为人员疏散争取关键时间。实践证明，完善的防火结构能阻断"起火-蔓延-毒害-逃生失败"的灾害链，是预防群死群伤事故的根本保障，必须严格执行建筑防火规范方能守住安全底线。

9.11

事故案例：气体探测缺位酿灾

某保温材料公司因丙烷气体泄漏引发爆燃事故，造成8人死亡、1人受伤，直接经济损失850万元。本次事故系由多重技术防护缺失及管理疏漏共同导致，具体技术因素分析如下：

（1）厂房通风系统设计缺陷

涉事企业生产厂房密闭性过高且未执行GB 50058—2014《爆炸危险环境电力装置设计规范》第3.1.3条规定，未设置符合要求的机械通风系统。该缺陷导致：

① 无法有效排除可燃气体：在热熔挤出机减速器故障停机（未及时关闭丙烷阀门）的2.5小时内，约300千克丙烷（体积浓度4.1%）持续泄漏；

② 形成爆炸性环境：丙烷气体爆炸极限为2.1%～9.5%（体积比），比重（1.55）大于空气，在通风不良环境下形成地面聚集；

③ 危险气体持续累积：未建立有效通风导致爆燃性混合气体在车间内长期滞留。

（2）可燃气体监测系统缺失

企业违反GB 50016—2014《建筑设计防火规范》第8.4.3条规定：

① 未在丙烷使用区域（含工艺装置区及储运区）安装可燃气体检测报警装置；

② 作业人员仅凭嗅觉识别泄漏，未能建立自动监测预警机制；

③ 泄漏发生后未触发任何自动应急处置程序，导致险情持续恶化。

（3）防爆电气配置违规

根据GB 50058—2014第3.1.1条规定，在存在爆炸性气体环境的区域应使用防爆电气设备。企业存在以下重大违规：

①生产厂房内全部电气设备均未采用防爆设计；

②普通配电箱操作时产生点火源：员工操作非防爆配电箱开关时产生电火花（能量＞0.28mJ），达到丙烷最小点火能（0.26mJ）；

③点火源与爆炸性环境共存：电火花引燃积聚的丙烷-空气混合气体（浓度4.1%处于爆炸极限范围内），最终酿成爆燃事故。

该案例暴露出企业在爆炸危险环境防控体系中的系统性失效，包括通风设计、监测预警、防爆设备三大技术防控环节均存在严重违规，最终导致重大安全生产事故的发生。

上述事故的主要原因简要分析如下图所示。

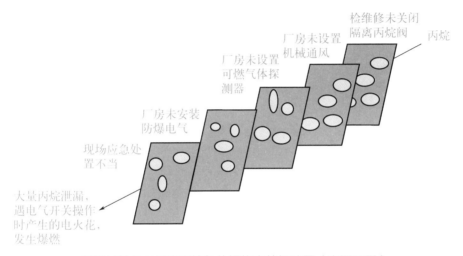

保温材料公司厂房丙烷气体爆炸事故奶酪图（主要原因）

可燃气体探测是预防爆燃事故的关键防线。实时监测能及时预警泄漏，联动机械通风可避免气体聚集；防爆电器设计能阻断点火源。企业必须严格遵循规范安装探测器、通风设备及防爆电气系统，配合人员应急处置培训，方能有效消除可燃气体泄漏引发的燃爆风险，保障生命财产安全。

9.12

事故案例：火灾探测盲区闯祸

2012年2月22日，某电力公司2×1000MW机组C9A/B上煤皮带系统发生重大火灾事故。经调查确认，事故起源于C9A皮带导料槽内部除尘器吸粉管积粉自燃，自燃煤粉掉落至运行中的C9A皮带上引发火灾。事故导致C9A侧400米、C9B侧300米皮带烧损；两台皮带秤及取样设备受损；6000米控制电缆烧毁；100米皮带架局部变形；消防系统管路受损，直接经济损失达数十万元。

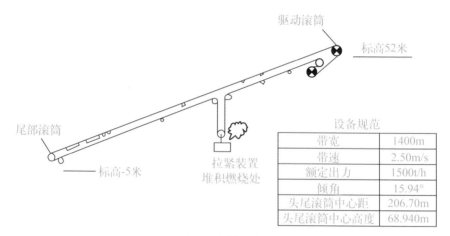

设备规范

带宽	1400m
带速	2.50m/s
额定出力	1500t/h
倾角	15.94°
头尾滚筒中心距	206.70m
头尾滚筒中心高度	68.940m

C9A/B皮带示意图

C9A/B拉紧装置现场图

（1）直接致因分析

① 初始火源形成

a.设备改造缺陷：C9A/B皮带机电除尘器吸粉管由单独设计变更为联通管，未进行充分风险评估，导致吸风口气流分布偏离原设计，气流速度不均匀，同时吸收口处风量减少，造成滤网上部吸入管积粉严重。

b.积粉氧化自燃：停运的C9A皮带机自2月21日20时45分停机至2月22日04时05分期间，除尘器吸风罩入口滤网处因粉尘浓度过高及气流速度分布不均，形成持续性积粉。在环境温度波动作用下，积粉温度达到燃点。

② 火势蔓延条件

a.监测系统失效：皮带上方防护罩、除尘器、导料槽、除铁器等设备处没有感温电缆，出现约 30 米盲区。火灾初期发生在导料槽，距离最近的感温电缆约18米，致使报警感温电缆自动报警时间延误26 分钟（正常响应时间应≤3分钟）。

b. 消防联动故障：水幕喷淋系统和预作用水喷淋通过报警信号(温度68℃)联动电磁阀控制管内水压，启动水喷淋，由于自动报警系统报警时间延误导致联动电磁阀控制电缆在报警前已烧断，造成联动电磁阀未动，水幕喷淋系统未喷淋，预作用水喷淋系统在闭式喷头玻璃泡破裂(爆裂动作温度68℃)的情况下也未喷淋。

（2）事故扩大机理

① 火势纵向扩展：未及时扑灭的初期火情沿C9A皮带蔓延，导致皮带钢芯结构在高温下（＞400℃）强度下降。

② 横向传播路径：C9A皮带断裂后，高温燃烧物坠落至栈桥下部拉紧装置区域，通过热辐射和飞火引燃相邻C9B皮带。

（3）安全屏障失效分析

① 工程设计屏障失效：除尘系统改造未执行风险分析，关键运行参数（气流速度、粉尘浓度）持续超出设计允许范围。

② 监测预警屏障失效：感温电缆布置间距不符合GB 50229标准要求，存在严重的监测盲区，自动报警时间延误26 分钟。

③ 自动消防屏障失效：由于自动报警系统报警时间延误导致联动电磁阀控制电缆在报警前已烧断，C9A消防水喷淋系统包括消防水幕喷淋系统和预作用水喷淋系统均未联动喷淋。

④ 人工巡检屏障失效：视频监控系统分辨率不足导致4次自动识别失败，人工巡检间隔（2小时）超出规程规定的1小时要求。

⑤ 应急响应屏障失效：报警电话拨通用时155秒（标准≤60秒），火情描述缺失关键要素（位置、规模、物质）。

⑥ 皮带燃烧性能检测不合格，样品检测结果火焰持续时间为64.12秒（技术要求不大于60秒）。

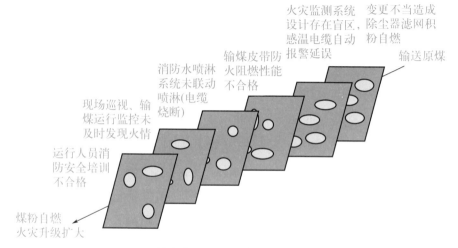

某电力公司火灾事故奶酪图

这起火灾事故的主要技术原因是：火灾自动报警系统和探测系统设计不规范，不满足《火力发电厂与变电站设计防火标准》（GB 50229）要求，感温电缆覆盖距离不足，不能及时监测火情，发出报警，造成联动电磁阀控制电缆烧断，未联动喷淋，致使火灾蔓延扩大。

火灾探测系统的规范设计与可靠运行至关重要。根据GB 50229标准合理布设感温电缆，确保监测覆盖无盲区，是实现早期预警的关键。及时准确的火灾探测能触发联动喷淋系统，有效遏制火势蔓延，同时需加强人员消防培训，提升应急处置能力，最大限度降低火灾事故损失。

9.13

事故案例：应急电源失效酿爆炸

2017年2月21日，某化工公司对硝基苯胺车间5#反应釜发生爆炸事故，共造成2人死亡、3人受伤，234平方米主厂房及主厂房内生产设备被损毁，直接经济损失966万元。

（1）事故直接原因

公司所处的园区Ⅱ回线由于大风及冰雪天气的外力原因造成B、C相间短路跳闸，导致公司突然停电，但未能及时启动应急电源。

因生产车间对硝基苯氨车间有8台高压反应釜，对硝基氯苯与氨水的反应属于重点监管的胺基化工艺，反应过程产生热量。在停电后无冷却水情况下继续生产，致使釜内温度持续上升无法控制在工艺要求的设计温度范围内，随着温度的升高釜内介质反应加剧导致压力急剧上升，在该反应釜放空阀全开、安全阀、爆破片全部动作的情况下，仍然不能阻止釜内压力的快速升高，最终导致5#反应釜超温、超压而爆炸。

容器爆炸事故现场

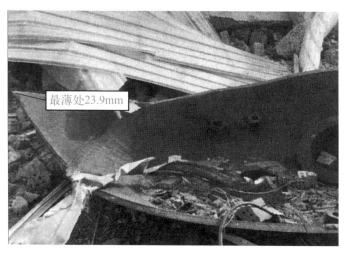

最薄处23.9mm

5#反应釜观察孔部件

（2）关键的安全屏障失效分析

"2·21"容器爆炸事故中五种重要的安全屏障都没有发挥作用，如下图所示，是导致事故发生的一系列原因：

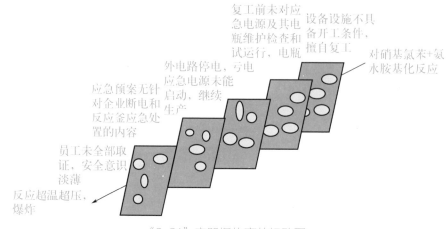

复工前未对应急电源及其电瓶维护检查和试运行，电瓶

设备设施不具备开工条件，擅自复工

对硝基氯苯+氨水胺基化反应

外电路停电，亏电应急电源未能启动，继续生产

应急预案无针对企业断电和反应釜应急处置的内容

员工未全部取证，安全意识淡薄

反应超温超压，爆炸

"2·21"容器爆炸事故奶酪图

① 安全设施不完善，设备设施不具备开工条件，擅自复工。

② 长时间未对应急电源及其电瓶进行维护检查和试运行，电瓶亏电，复工前未检查。

③ 外电路停电，应急电源未能启动。明知每台反应釜内介质对硝基氯苯与氨水反应过程为放热反应，在停电后无冷却水的情况下是

不能生产的，但是为了减少生产成本损失，采取了多次泄压应急处理措施，致使釜内温度持续上升无法控制在工艺要求的设计温度范围内。

④ 应急预案风险分析不到位，无针对企业断电和反应釜危害评估，更没有相应的应急措施，在企业停电后，应急处置不当。

⑤ 上岗员工未全部取得特种作业人员证和压力容器操作证，文化层次低，安全意识淡薄。

"2·21"爆炸事故暴露的核心技术问题是企业长期忽视应急电源维护管理。应急电源本应在主电中断时保障冷却系统等关键设施运行，为放热反应提供控温电力支持，并在事故期间维持必要系统运转、确保疏散照明。涉事企业因电瓶长期亏电且复工前未检测，导致停电后应急系统完全失效，反应釜温度压力失控引发爆炸，反映出该安全屏障的实质性缺失。

此次事故印证应急电源是危化生产的生命防线：其可靠性直接决定突发断电时能否避免工艺失控。企业必须建立定期维护、试运行及检测制度，确保应急电源始终处于可用状态。对应急系统的漠视不仅造成设备损毁和经济损失，更会危及人员生命安全，凸显危化企业必须将应急电源管理纳入设备设施完好性管理的刚性要求。

9.14
事故案例：报警联锁失效致油库爆炸

2005年12月11日国外某油库由于充装过量发生泄漏，引发爆炸和持续60多小时的大火，共烧毁大型储油罐20余座，受伤43人，无人员死亡，经济损失相当于101亿元人民币。

（1）事故直接原因

12月10日19时，油库HOSL西部区域A罐区的912号储罐开始接收来自T/K管线的无铅汽油，由于该储罐的保护系统在储罐液位达到所设置的最高液位时未报警，未能自动启动以切断进油阀门，因此T/K管线继续向储罐输送油料，导致油料从罐顶不断溢出，储罐周围迅速形成油料蒸气云。

西门外的一位员工违规发动了汽车发动机，排气孔产生的火星点燃了可燃蒸汽云引起爆炸和燃烧。爆炸发生了多次，持续的大火燃烧了 60 多个小时，烧毁了 20 余座储罐，烟尘和大火形成了高达 60m 的火柱，大火烧毁了防火堤的密封，穿越防火堤的管线与防火堤之间的密封也被破坏，导致大量的油料流出，加剧了火势的蔓延。

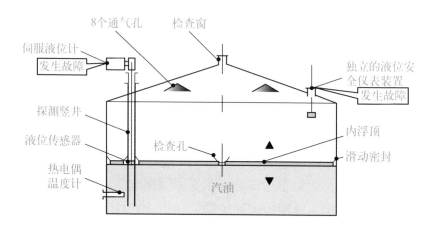

（2）关键的安全屏障失效分析

该油库爆炸事故中七种重要的安全屏障都没有发挥作用，如下图所示，是导致事故发生的一系列原因：

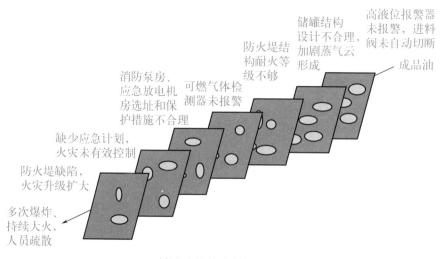

某油库爆炸事故奶酪图

① 储罐液位上升超标，高液位报警器未报警，未自动切断储罐的进油阀门。

② 储罐的结构设计（如罐顶的设计）不合理，折流板、防风梁加剧了蒸气云的形成。

③ 防火堤多处结构耐火等级不足，不能抵御一定时间的火灾，防火堤倒塌和失效裂缝加剧燃烧的油料多处蔓延。

④ 部分储罐和管道系统的视频监控以及相关的报警设备处在非正常工作状态，储罐和管道系统附近的可燃气体检测仪器未报警。

⑤ 消防泵房、应急发电机房的选址和相关保护措施不合理，启动时引发爆炸。

⑥ 缺少有效的应急响应计划，消防部门没有进行有效的扑救。

⑦ 排水系统的设计未考虑最大泄漏量，消防废液未实现有效控制，溢出防火堤的油料通过排水系统向外扩散，导致事故升级扩大。

该油库事故暴露出报警联锁管理的关键作用：完备的液位报警、可燃气体监测及联锁切断系统是预防泄漏的核心屏障，其失效直接导致风险失控；同时，系统定期维护及冗余设计至关重要。通过报警和仪表联锁等关键安全屏障筑牢安全生产防线。

9.15

事故案例：粉尘爆炸致命隐患

2014年8月2日某金属制品公司抛光二车间发生特别重大铝粉尘爆炸事故，当天造成75人死亡、185人受伤。抛光二车间为铝合金汽车轮毂打磨车间，事故发生时，一层有生产线13条，二层16条，每条生产线设有12个工位，沿车间横向布置，总工位数348个，打磨抛光均为人工作业，工具为手持式电动磨枪。

一层有生产线13条
二层有生产线16条
共有29条生产线
每条生产线有12个工位
总工位348个

抛光二车间

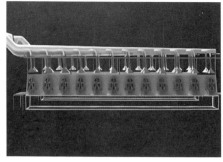

除尘系统

车间一、二层共建设安装8套除尘系统。每个工位设置有吸尘罩，每4条生产线48个工位合用1套除尘系统（见除尘系统图），除尘器为机械震打袋式除尘器（见下图）。2012年改造后，8套除尘系统的室外排放管全部连通，由一个主排放管排出。

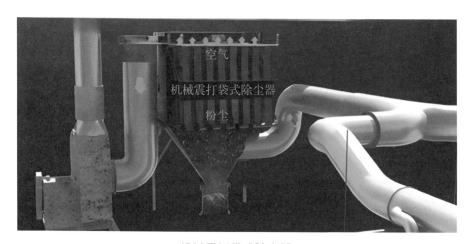

空气

机械震打袋式除尘器

粉尘

机械震打袋式除尘器

（1）事故直接原因

事故车间除尘系统较长时间未按规定清理，铝粉尘集聚。除尘系统风机开启后，打磨过程产生的高温颗粒在集尘桶上方形成粉尘云。

1号除尘器集尘桶锈蚀破损，桶内铝粉受潮，发生氧化放热反应，达到粉尘云的引燃温度，引发除尘系统及车间的系列爆炸。因没有设置泄爆装置，爆炸产生的高温气体和燃烧物瞬间经除尘管道从各吸尘口喷出，导致全车间所有工位操作人员直接受到爆炸冲击，造成群死群伤。

① 可燃粉尘：事故车间抛光轮毂产生的抛光铝粉，主要成分为88.3%的铝和10.2%的硅，粒径中位值为19微米，经实验测试，该粉尘为爆炸性粉尘，遇湿易燃，粉尘云引燃温度为500℃。事故车间、除尘系统未按规定清理，铝粉尘沉积。

② 粉尘云：悬浮在助燃气体中的高浓度的可燃粉尘与助燃气体的混合物，被称为粉尘云。除尘系统风机启动后，每套除尘系统负责的4条生产线共48个工位抛光粉尘通过一条管道进入除尘器内，由滤袋捕集落入到集尘桶内，在除尘器灰斗和集尘桶上部空间形成爆炸性粉尘云。

③ 引火源：集尘桶内超细的抛光铝粉，在抛光过程中具有一定的初始温度，比表面积大，吸湿受潮，与水及铁锈发生放热反应。除尘风机开启后，在集尘桶上方形成一定的负压，加速了桶内铝粉的放热反应，温度升高达到粉尘云引燃温度。

④ 助燃物：在除尘器风机作用下，大量新鲜空气进入除尘器内，支持了爆炸发生。

⑤ 空间受限：除尘器本体为倒锥体钢壳结构，内部是有限空间，容积约8立方米。

（2）关键的安全屏障失效分析

"8·2"重大爆炸事故中七种重要的安全屏障都没有发挥作用，如下图所示，是导致事故发生的一系列原因：

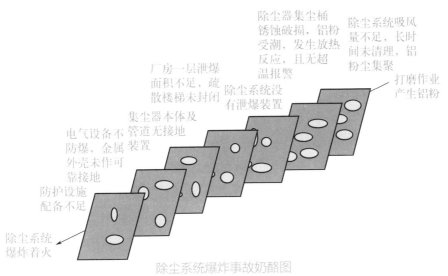

除尘系统爆炸事故奶酪图

① 除尘系统设计不能满足《铝镁粉加工粉尘防爆安全规程》（GB 17269）的要求，吸风量不足，不能有效抽出除尘管道内粉尘，且长时间未按规程要求清理，除尘系统和作业现场铝粉尘集聚，高温颗粒在集尘桶上方形成粉尘云。

② 除尘器集尘桶锈蚀破损，桶内铝粉受潮，发生氧化放热反应，达到粉尘云的引燃温度，且未设置超温报警。

③ 除尘系统未按照《粉尘爆炸泄压规范》（GB 15605）的设计要求设置泄爆装置，爆炸产生的高温气体和燃烧物瞬间经除尘管道从各吸尘口喷出，导致所有工位受到爆炸冲击。

④ 厂房设计不满足《建筑设计防火规范》（GB 50016）要求，应为乙类，实际为戊类，一层原设计泄爆面积不足，疏散楼梯未采用封闭楼梯间，爆炸向二层传播。作业工位排列拥挤，疏散通道不畅通，加重了人员伤害。

⑤ 未按照《铝镁粉加工粉尘防爆安全规程》（GB 17269）的要求对除尘器本体及管道设置导除静电的接地装置。

⑥ 现场手持电动工具插座、配电箱等电气设备不符合《爆炸危险环境电力装置设计规范》（GB 50058）规定，均不防爆，电缆、电线敷设方式违规，电气设备的金属外壳未作可靠接地。

⑦ 岗位粉尘防护措施不完善，作业人员未按规定配备防静电工装等劳动保护用品，进一步加重了人员伤害。

"8·2"粉尘爆炸事故存在的主要技术问题是：除尘系统的吸风量设计不能满足《铝镁粉加工粉尘防爆安全规程》（GB 17269）的要求，吸风量达不到要求，且不按时清扫，集尘桶破损未修复，不满足《粉尘爆炸危险场所用收尘器防爆导则》（GB/T 17919）气密性的要求，同时未按照《规程》和《导则》要求设置超温报警，未按照《粉尘爆炸泄压规范》（GB/T 15605）的设计要求设置泄爆装置，除尘系统诸多的设计违规，导致粉尘爆炸五要素条件同时具备，不仅引发了粉尘爆炸，还加剧了爆炸产生的破坏力和危害程度。

"8·2"粉尘爆炸事故暴露粉尘防爆的重点：必须严格遵循GB 17269等安全规范，落实除尘系统泄爆装置、静电导除、防爆电气等技术措施，定期清理积尘并强化设备维护。企业需建立粉尘爆炸防控体系，通过工程控制、标准执行和人员防护消除粉尘爆炸五要素，从根本上保障生产安全，避免群死群伤悲剧重演。

9.16

事故案例：泄压和火炬系统警鉴

6月3日某石化公司因强雷雨天气导致总变北站1# 主变、南站1# 主变发生晃电，造成12套装置跳车。短时停电导致12套装置合计约150t/h排放量的气体，排向设计能力为910t/h的火炬系统。

由于火炬系统分子封制造质量上的缺陷（试车后一直未发现），分子封内的钟罩脱落堵塞火炬筒体，致使火炬排放不畅憋压，火炬系统压力达到0.22MPa，引发2# 裂解的裂解气压缩机中压缸干气密封排气压力高高联锁停车，使裂解气排往火炬系统，火炬系统压力随之升高并超出了裂解炉出口裂解气管线的设计压力，2# 裂解炉出口裂解气管线膨胀节失稳泄漏着火。

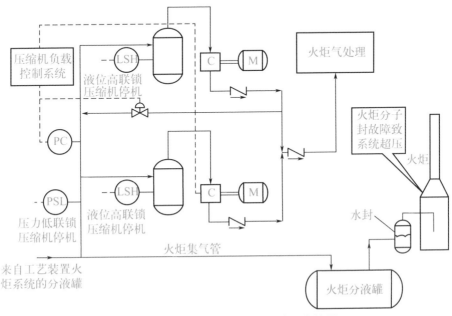

火炬系统工艺流程和分子封故障示意简图

事故直接原因：

火炬承包商提供的火炬分子封内件间焊接质量存在严重缺陷，部分焊缝未焊透，焊缝结构不符合规范要求，分子封内的固定筋板与钟罩的连接方式不尽合理，造成连接处成为薄弱环节。在大流量排放气流的冲击下火炬分子封内钟罩脱落，堵塞了火炬排放通道，导致火炬管网压力超高，致使2#裂解炉出口膨胀节脱裂，高温裂解气泄漏着火。

分子封脱落　　　　　　　　　　损坏的膨胀节

雷电引发着火事故中四种重要的安全屏障都没有发挥作用，如下图所示，是导致事故发生的一系列原因：

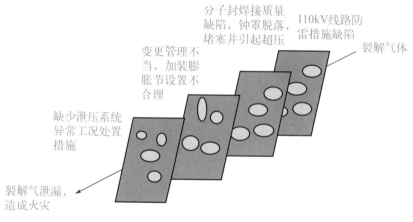

火炬系统裂解气泄漏事故奶酪图

① 公司110kV线路防雷措施不完善：发电机的经济运行与供配电系统安全性存在一定矛盾。

② 火炬分子封内件间焊接质量缺陷：部分焊缝未焊透，焊缝结构不符合规范要求，分子封内的固定筋板与钟罩的连接方式不尽合理，造成钟罩脱落，堵塞通道和憋压。

③ 工艺变更管理不当：为解决裂解气管线大阀开关时间过长问题，在裂解气管线上加装了膨胀节，但膨胀节的设置过程不符合有关管理规定，工艺变更存在问题。

④ 异常工况管理缺失：现有异常工况处置措施中未辨识火炬系统压力超高的风险，也未制定异常工况处置措施。

"6·3"火灾事故的主要技术原因是：火炬系统属于边缘区域，企业没有按照《火柜维护检修规程》（SHS 01031—2004）第2.1条，定期检修，检修频次低，对于焊接质量存在的严重问题没有及时发现，钟罩脱落，堵塞泄放通道并憋压，造成泄压和排放系统不能正常投用。

化工厂泄压和火炬系统是保障安全生产的核心防线，其设计、施工及维护须严格执行国家标准（如GB 50160、SH 3009），确保泄放通道畅通与承压能力。定期检修（参照SHS 01031）、焊接质量管控及异常工况管理缺一不可，系统失效将直接引发系统超压、泄漏甚至火灾爆炸，威胁人员与装置安全。

9.17

事故案例：人机界面灾难推手

2005年3月23日国外某炼油厂异构化装置在检修后开车过程中发生级联爆炸事故。该事故造成15人罹难、180余人受伤，直接经济损失超15亿美元。爆炸产生的有毒烟雾对厂区及周边社区造成持续性环境影响。

（1）事故直接触发点为异构化装置分馏系统失控，事故发生过程：

① 精馏塔液位控制失效：装置重启时，操作人员向精馏塔注入液态烃时依赖存在设计缺陷的液位监测系统。塔底液位计量程上限为10英尺（正常操作液位6.5英尺，1英尺=0.3048米），其远传报警系统失效导致DCS显示值严重失真。

② 过程控制多重失效：所有流量控制阀处于非正常关闭状态，物料循环中断。操作人员依据错误DCS数据点燃加热炉火嘴，导致塔内物料温度异常上升。

③ 安全系统相继失效：当液位超过正常值20倍（约130英尺）时，安全泄压阀（PSV）起跳，泄放物料超出放空罐设计容量（API 521标准要求容积的62%）。未冷凝蒸汽形成可燃蒸气云，被距放空罐7.6英尺处未熄火卡车的引擎火花引燃。

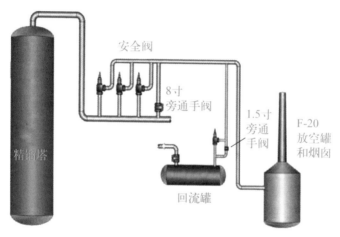

超压卸放流程简图

液态烃像喷泉一样喷出

（2）重要安全屏障失效分析

① 仪表控制系统

a. LTI-101 液位变送器量程不足且信号传输失效。

b. LAH-102 高液位报警系统未触发。

c. 缺少独立安全仪表系统（SIS）作为液位超限保护层。

② 操作控制层

a. FV-203 液位控制阀处于手动关闭状态。

b. FI-301 流量计显示失真导致物料平衡误判。

c. DCS 人机界面（HMI）未提供关键工艺参数趋势分析。

③ 工程防护层

a. 放空系统（V-307）容量设计不符合 API 521 标准。

b. 安全间距不足：检修板房距装置 23m（标准要求 ≥46m）。

c. 未执行车辆管制程序（NFPA 505 条款）。

④ 管理控制层

a. 开工前安全审查（PSSR）未有效实施。

b. 人员配置缺陷：当班操作员平均工龄不足 18 个月。

c. 仪表维护记录造假：LTI-101 校验报告被违规签署。

（3）技术根源分析

事故暴露出过程安全管理的多层级失效：

① DCS 设计缺陷：DCS 仅配置单点液位指示，未实现关键参数的冗余测量与物料平衡计算功能。

② 安全仪表系统（SIS）缺失：未设置高液位紧急切断（ESD）联锁。

③ 人因工程失误：HMI 界面未突出显示液位异常趋势，迫使操作人员依赖失效仪表进行决策。

④ 本质安全设计不足：放空系统未按"最大可信事故场景"进行设计验证。

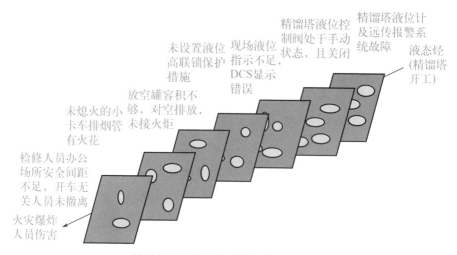

精馏塔液位计
及远传报警系
统故障

精馏塔液位控
制阀处于手动
状态，且关闭

液态烃
(精馏塔
开工)

现场液位
指示不足，
DCS显示
错误

未设置液位
高联锁保护
措施

放空罐容积不
够，对空排放，
未接火炬

未熄火的小
卡车排烟管
有火花

检修人员办公
场所安全间距
不足，开车无
关人员未撤离

火灾爆炸
人员伤害

炼油厂爆炸事故奶酪图（部分原因）

人机界面作为操作人员与工艺系统的核心交互媒介，其设计理念和配置直接决定异常工况的识别效率和处置准确性。在本事故中，DCS界面未能通过可视化趋势图、多模态报警提示（如分级颜色警示）或物料平衡计算模块，突出显示精馏塔液位的异常累积态势；同时存在关键参数（塔底液位、循环流量）显示分散化问题，迫使操作人员需在多屏间手动切换比对数据。

符合ISO 11064标准的人机界面设计应实现：

a.关键安全参数的冗余可视化（如同时显示实时值、历史曲线及速率变化）；

b.异常状态的多维度警示（声光报警+弹出式诊断建议）；

c.操作引导功能（联锁预动作提示）。

此次事故证明，缺乏人机协同设计的HMI系统会显著增加人为误判风险，当工艺参数超出常规范围时，操作人员可能因信息呈现不完整或认知负荷过载而做出错误决策，最终导致灾难性后果。

9.18

事故案例："边缘设施"也会爆炸？

2006年12月11日，某化工公司助剂厂2万吨/年顺酐装置在试运行抢修期间，发生一起重大闪爆事故。事故地点位于装置内的常压凝结水储罐（TK-1808）顶部，因焊接作业引发储罐爆炸，造成3名作业人员死亡，直接经济损失约68万元。事故发生时，装置正处于紧急抢修阶段，计划通过新增管线解决丁烷蒸发器（E-1301）凝水压力不足的问题。

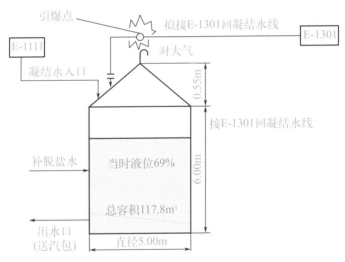

事故TK-1808冷凝水罐示意图

（1）事故发生经过

① 作业背景：因顺酐装置试运行期间丁烷蒸发器（E-1301）凝水压力低于管网压力，导致水锤现象频发。公司决定紧急抢修，新增管线将E-1301凝水直接引入常压储罐（TK-1808）。

② 作业过程：12月11日13时45分，中油二建3名员工在TK-1808顶部进行配管焊接作业。14时21分，电焊工在焊口打火时，储罐内积聚的正丁烷气体达到爆炸极限，遇焊渣引发闪爆。罐体从底板

焊缝处断裂，飞至东南方向70米处，3名作业人员当场遇难。

③ 应急响应：事故发生后，公司启动应急预案，疏散现场人员。经勘查，事故未造成环境次生灾害。

（2）事故原因分析

① 直接原因

a.脱异丁烷塔进料换热器（E-1111）管程内正丁烷因内漏串入壳程蒸汽凝液，并流入TK-1808储罐内积聚，形成爆炸性混合气体。

b.焊接作业产生的火花引燃罐内气体，导致闪爆。

② 间接原因

a.管理缺陷

i 违反动火作业许可程序，未进行爆炸气体分析，违规签发一级火票。

ii 未执行设备交出程序，安全技术交底缺失，检修方案未确认。

b.风险识别不足：未意识到蒸汽系统可能串入可燃气体，未对储罐内介质进行风险评估。

c.制度落实失效：动火管理制度、检维修安全规定未落实，安全监督缺位。

（3）关键的安全屏障失效分析

① 预防屏障失效

a.工艺隔离不足：未对E-1111换热器进行有效隔离，导致正丁烷泄漏至凝水系统。

b.动火作业管控缺失：未按规范进行可燃气体检测，未落实动火前安全措施。

② 检测屏障失效：可燃气体监测缺位，未在储罐入口或系统内设置可燃气体检测装置，未能及时发现泄漏。

③ 应急屏障失效：作业应急预案不足，未针对动火作业制定专项应急方案，事故初期缺乏有效处置手段。

④ 管理屏障失效

a. 安全责任未落实：管理层对基层安全监督不力，未严格执行"三同时"安全要求。

　　b. 培训与意识薄弱：作业人员风险辨识能力不足，管理层安全意识淡薄。

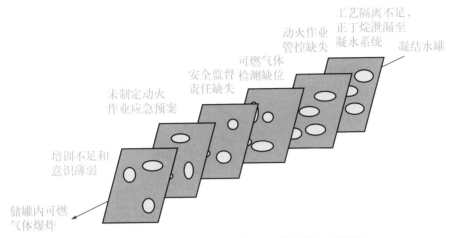

培训不足和
意识薄弱

未制定动火
作业应急预案

安全监督
责任缺失

可燃气体
检测缺位

动火作业
管控缺失

工艺隔离不足，
正丁烷泄漏至
凝水系统

凝结水罐

储罐内可燃
气体爆炸

凝结水储罐（TK-1808）可燃气体爆炸事故奶酪图

　　本事故发生在不可思议的常压凝结水储罐，属于非核心工艺生产装置（如空气和水储罐、公用工程管道、公用工程辅助设施），但其风险管理至关重要，原因如下：

　　① 风险隐蔽性：辅助设施虽不直接参与核心工艺，但常涉及易燃、有毒介质或高压环境，其隐患易被忽视，如本次事故中储罐内可燃气体积聚未被识别。

　　② 系统性影响：辅助设施与工艺系统紧密关联，泄漏或故障可能引发连锁反应，例如工艺介质串入水系统导致爆炸风险。

　　③ 管理短板：企业往往侧重核心工艺安全，忽视辅助设施的制度执行和人员培训，导致风险防控体系存在漏洞。

　　非核心工艺装置的风险管理需与核心工艺装置同等重视，通过全面风险识别、严格制度落实、强化技术监控和人员意识提升，构建全系统安全屏障，避免"边缘设施"成为事故源头。

参考文献

1. 中华人民共和国主席令　第八十八号《中华人民共和国安全生产法》
2. 内蒙古自治区应急管理厅《内蒙古伊东集团东兴化工有限责任公司"4·24"较大生产安全事故调查报告》
3. 山东省人民政府　公示公告《东营市山东滨源化学有限公司"8·31"重大爆炸事故调查报告》
4. 中华人民共和国应急管理部《国务院安委会办公室关于山东临沂金誉石化有限公司"6·5"爆炸着火事故情况的通报》
5. 安全监管总局人事司（宣教办）《江苏省苏州昆山市中荣金属制品有限公司"8·2"特别重大爆炸事故调查报告》
6. 王慧飞. 121人殒命拷问宝源丰公司"6·3"特别重大火灾爆炸事故. 职业卫生与应急救援. 2013(04): 221-224
7. GB/T 45001—2020《职业健康安全管理体系　要求及使用指南》
8. GB/T 24001—2016《环境管理体系　要求及使用指南》
9. GB/T 19001—2016《质量管理体系　要求》
10. 中华人民共和国国务院令　第591号《危险化学品安全管理条例》
11. GB/T 24353—2022《风险管理　指南》
12. GB/T 27921—2023《风险管理　风险评估技术》
13. GB/T 23694—2024《风险管理　术语》
14. GB/T 32857—2016《保护层分析(LOPA)应用指南》
15. T/CCSAS 025—2023《化工企业作业安全分析（JSA)实施指南》
16. GB/T 37243—2019《危险化学品生产装置和储存设施外部安全防护距离确定方法》
17. GB/T 50927—2013《大中型水电工程建设风险管理规范》
18. GB/T 35320—2017《危险与可操作性分析(HAZOP分析)应用指南》
19. USA OSHA 1910.119 - Process safety management of highly hazardous chemicals
20. UK Energy Institute, High Level Framework for Process Safety Management, December 2010
21. USA CCPS, Guidelines for Risk Based Process Safety ISBN 978-0-470-16569-0, March 2007
22. UK HSE, The Offshore Installations (Offshore Safety Directive) (Safety Case etc.) Regulations 2015. Guidance on Regulations, ISBN: 978 0 7176 6325 5, Date of publication: 22/12/2015
23. UK Energy Institute, HSE -Understanding your culture, UNRESTRICTED, ECCN: Not subject to EAR- No US content Rev. 05, Copyright Shell International Exploration and Production B.V. PO3069- October 2008
24. U.S. CHEMICAL SAFETY AND HAZARD INVESTIGATION BOARD, INVESTIGATION REPORT REFINERY EXPLOSION AND FIRE REPORT, NO. 2005-04-I-TX MARCH 2007
25. BUNCEFIELD Initial Report to the Health and Safety Commission and the Environment Agency of the investigation into the explosions and fires at the Buncefield oil storage and transfer depot, Hemel Hempstead, on 11 December 2005 Buncefield Major Incident Investigation Board
26. U.S. CHEMICAL SAFETY AND HAZARD INVESTIGATION BOARD INVESTIGATION REPORT LPG FIRE AT VALERO – MCKEE REFINERY, REPORT NO. 2007-05-I-TX

后　记

　　二十余载光阴，我穿梭于国内外数千座工厂、工业园区、设计院和政府大楼，目睹和调查过无数因疏忽大意酿成的事故惨剧，也见证和验证过无数因周密程序挽救的生命。每一次事故现场的焦土，每一份调查报告的血泪，都在叩问同一个问题：安全管理的本质究竟是什么？

　　这本书，是我用半生实践交出的答卷。

一、为何而写？血的教训与生的启示

　　2005年，英国邦斯菲尔德油库的爆炸声震醒全球化工行业。当我们以专家身份参与事故复盘和培训时，一个细节令人心惊：董事会成员竟无人能看懂安全报表中的风险数据。这场灾难让我深刻意识到：安全管理的命脉不在车间的设备，而在决策层的认知。领导若将安全视为"成本"而非"投资"，再精密的设备也抵不过一念侥幸。

　　此后二十年，我参与美国、英国、挪威、中东、马来西亚、新加坡、澳大利亚等地多家国际知名企业的安全管理咨询服务工作，其间国内天津港爆炸、响水事故等重大灾难反复验证安全管理的认知盲区和执行空心化。这些经历也让我看清：中国企业的安全困境，本质是"知"与"行"的断裂——嘴上喊着口号，墙上挂满制度，心中不存敬畏；手头堆砌台账，风险置之脑后，现场马马虎虎。

于是，我和团队花了3年时间，总结归纳我们多年的企业实操和培训演讲热点视频，将国际安全管理经验与本土实践融合，提炼成可落地的安全思想，提笔写下这本书，反复修订，不为说教，只为唤醒；不为灌溉，只为点燃。

二、书中何物？"道、法、术"三位一体的安全哲学

本书以"领导力-系统化-执行力"为主线，构建安全管理的全景图谱：

聚焦"道"——

● 从领导的意识开始：安全管理的痛点不在执行末端，而在认知源头；不在片面"员工违章"，而在全局"系统思维"。

● 拆解安全领导力：英国过程安全八原则、特斯拉的"专业人做专业事"、壳牌九千万美元修订工艺信息的启示。

● 破除管理幻觉：杜邦四阶段理论的真伪之辩、安全文化五等级的诊断工具，直指"形式安全"的致命软肋。

凝练"法"——

● 制度为纲，流程为脉：从《中华人民共和国安全生产法》"三管三必须"的立法逻辑，到中国化工过程安全管理20项要素的系统架构，构建企业安全"宪法"。

● 屏障管理定生死：从本质安全设计到应急响应，构建多层"安全防线"。印度博帕尔事故因洗涤塔、火炬屏障连环失效穿透成"奶酪"惨剧，印证"漏一层，毁全部"，让每道屏障成为"带电的生命线"。

● 责任网格化革命：用"责任网格图"破解推诿漏洞，以"安全积分银行"激活全员参与，让制度从纸面走入血脉。

● 变更管理的"五道封印"：山东某石化企业擅自改造管道的惨剧，催生出"方案评审—风险验证—执行监督—验收闭环—总结复盘"的刚性链条。

深耕"术"——

● 用"领结图"锁死风险：从JSA、HAZOP分析到SIL定级，让风险无处遁形。

● 以"乌龟图"夯实执行：将ISO过程方法融入日常管理，告别碎片化管理。

● 向"低级错误"宣战：从吉林省某公司锁闭安全出口的惨剧，到博帕尔事故中层层失效的防护，揭示"程序即生命"的铁律。

● 用KPI测量"安全体温"：借鉴航空业黑匣子数据分析，将"隐患整改率""标准作业偏离度"等过程指标锻造成管理层的"决策罗盘"。

本书的核心逻辑：

● 道为灵魂（认知革命）：解决"不想为"的惰性，重塑"安全即生存"的价值信仰。

● 法为骨肉（制度筑基）：破解"不能为"的困局，用刚性的程序对抗人性的侥幸。

● 术为兵器（工具破障）：终结"不会为"的迷茫，将抽象风险转化为可测量的动作。

书中没有晦涩的理论，只有血写的教训、钢铸的方法。书中涉及我亲身经历的案例数千起，每一章皆以真实案例开篇，用"STOP法则""SMART原则""5Why原因分析"等工具，将安全管理拆解为可落地的动作。

三、写给何人？——从决策层到操作手的全员指南

● 安全监督管理人员：若您疲于应付"运动式检查"和"隐患—检查—隐患—再检查"循环怪圈，本书通过英联邦国家安全报告机制（Safety Case）、德胜公司"程序运转中心"和"用KPI数据说话"章节，让监管者开阔视野。

● 企业家与高管：若您认为"安全是安全部门的事"，本书将颠

覆您的认知——安全投入不是成本，而是企业存续的"氧气"。

- 中层管理者：若您困于"上面喊口号、下面走过场"，本书提供"责任网格图""变更五必查""PDCA和SDCA循环双驱动管理"等工具，让管理真正穿透基层。

- 一线员工：若您觉得"走程序太麻烦"，请细读第七章——台湾工人因"缓慢升压"的模糊规程背负冤屈，最终靠法律自证清白。

- 每一位珍视生命的人：安全不是企业的专属课题，书中"风险思维""STOP黄金准则"，亦能护佑日常生活。

四、何以不同？ ——带着机油味的实战真经

这不是一本堆砌法规的"安全百科全书"，而是一部用鲜血换标准、以教训铸程序的生存实录。翻开书页，您将踏入真实的生产现场：

- 您将看到：某化工厂管理层手持打火机灼烧防爆墙，以最原始的"笨方法"验证安全极限，让事故率下降20%；某车间开展操作程序现场"手指口述"逐条验证确认，将程序中的"缓慢"彻底逐出车间。

- 您将听到：马来西亚钻井平台上，安全员调取电子巡检记录时的键盘敲击声——那是程序战胜侥幸的胜利鼓点；壳牌团队对遵守制度者鞠躬致谢的郑重宣言。

- 您将悟到：日本新干线"指差确认"法何以创造60年零死亡奇迹——手指、眼观、口述的三重确认，是用最严谨的功夫对抗最险的人性；而吉林某禽业公司锁闭的安全出口，成了121条生命无法跨越的生死鸿沟。

书中更涌动着一种工业文明的执拗——

- 反对"人海战术"：某炼油厂用智能联锁装置取代"人盯人"，让违章操作根本行不通。

- 拒绝"应付检查"：德胜洋楼将"马桶使用流程"写入制度，

用极致细节证明：安全无小事，程序无虚招。

● 警惕"经验主义"：老工人凭感觉跳过的检查步骤，作业环境改变时可能是灾难起因。

● 信奉"标准至上"：当国内某氯碱厂因"优化"SOP导致泄漏时，巴斯夫工人正用毫米级标尺演绎"标准即信仰"。

为何如此强调"标准与程序"？

● 标准必须守：台湾工人因"缓慢升压"的模糊定义蒙冤，而壳牌2000万美元修订的工艺信息，让全球工厂共享同一种安全语言。

● 程序不可违：博帕尔事故中，关闭的洗涤塔与失效的火炬，用层层失守警示：漏掉一个步骤，便是打开地狱之门。

● 捷径是灾难：某石化厂擅自缩短催化剂活化时间的"小聪明"，最终换来反应釜炸裂的"大代价"——所有对程序的傲慢，终将被风险加倍奉还。

这本书的每一页都在呐喊：安全没有"灵活处理"，只有"死磕标准"；生产现场不容"差不多"，工人做事必须"钉是钉，铆是铆"，"按程序做事就是认真做事"。当您合上书时，车间轰鸣声中传来的将不再是嘈杂，更不是混乱、放心不下和夜不能寐，而是程序与标准奏响的保障生命乐章。

五、未来何往？让安全成为信仰

安全管理的终极目标，是让"走程序不走捷径"成为本能，让"不侥幸"融入血脉。

希望这本书是一面镜子，照见企业的风险与希望；

希望这本书是一把锤子，砸碎形式的枷锁与惰性；

希望这本书更是一粒火种，点燃每位读者心中的安全之光。

生命从无重来，安全不容试错。所有捷径终将通向深渊，而最慢的标准之路才是真正的捷径。愿我们以程序为舟，以责任为桨，在风险的洪流中，让每一个家庭划向幸福的彼岸。

六、致谢——本书的诞生，绝非一人之功

感谢家人，我的妻子张琳老师，也是我的同事，是她在长夜孤灯下的守候和无数次讨论，让我能安心梳理血泪案例；感谢我的哥哥董小勇老师，同样是我的同事，他在外企20多年管理咨询和认证工作的经验给了我大量的启发和思考，尤其是"按标准作业"的理念，深入骨髓。

致敬专家与行业同仁，雷长群、张武聪、胡月亭、冯相君、李茂军、吕淑然、刘立彬、胡文生、程伟、魏其涛、张延斌、靳嵩、潘哆吉、廖鹏、李书兵、郑光明、王震、付明福、丁俊刚、陈腊春、殷银华、高怀荣、李发华、詹志平、刘琦、赵磊、白天祥、徐双喜、陈茂柯、梁栋、杜健、许继卫、杨兵、任秀奎、莫大荣、雷明、冯秋英、栾菲、孙莉、范永勤、陈静、刘雅丽、秦孝良、梁磊、任海洋、王建章、王宝懿，诸位专家同仁通过修改润色文稿、分享事故案例的坦诚剖析，让教训得以化作警示。

感谢合作企业，从壳牌、马来西亚国家石油公司、阿克集团（Aker Solution）、沃利帕森斯集团（Worley Parson）、挪威国家石油公司，到中国石油天然气集团有限公司、中国石油化工集团有限公司、中国海洋石油集团有限公司、国家石油天然气管网集团有限公司、国家能源投资集团有限责任公司、陕西延长石油（集团）有限责任公司、湖北兴发化工集团股份有限公司、贵州磷化（集团）有限责任公司、湖北省宏源药业科技股份有限公司，你们开放现场、共享经验，用实践验证了"标准无国界"的真理。

致敬政府监管者，从内蒙古、陕西、宁夏、山东、天津、安徽、湖北、江苏、上海、贵州到新疆，上百个政府监管单位，无数安全检查、咨询和培训服务的日子历历在目，是你们以专业与担当筑牢底线，推动中国安全生产走向系统化、专业化和法治化。

尤其感谢中国职业安全健康协会王浩水先生。在化工过程安全管理工作委员会工作期间，他的指导、培养和教诲，让我深刻领悟了中

国安全生产相关的法规标准和实践经验。

最后，我要隆重感谢我的职业领路人——英国劳氏集团（Lloyd's Register）前副总裁比约·贝肯先生（已退休）和亚洲区前总经理陈海波博士。他们二位亲自面试我、栽培我并给了我14年国内外工作锻炼的机会，让我从一名普通的工程师成长为主任咨询师、技术经理、技术总监、海外公司区域总监并担任合资公司总经理等职务。

书中每一个案例背后，都站着无数守护生命的无名英雄。若本书能为行业安全尽绵薄之力，便是对所有人最好的回报。

董小刚
2025年春于北京